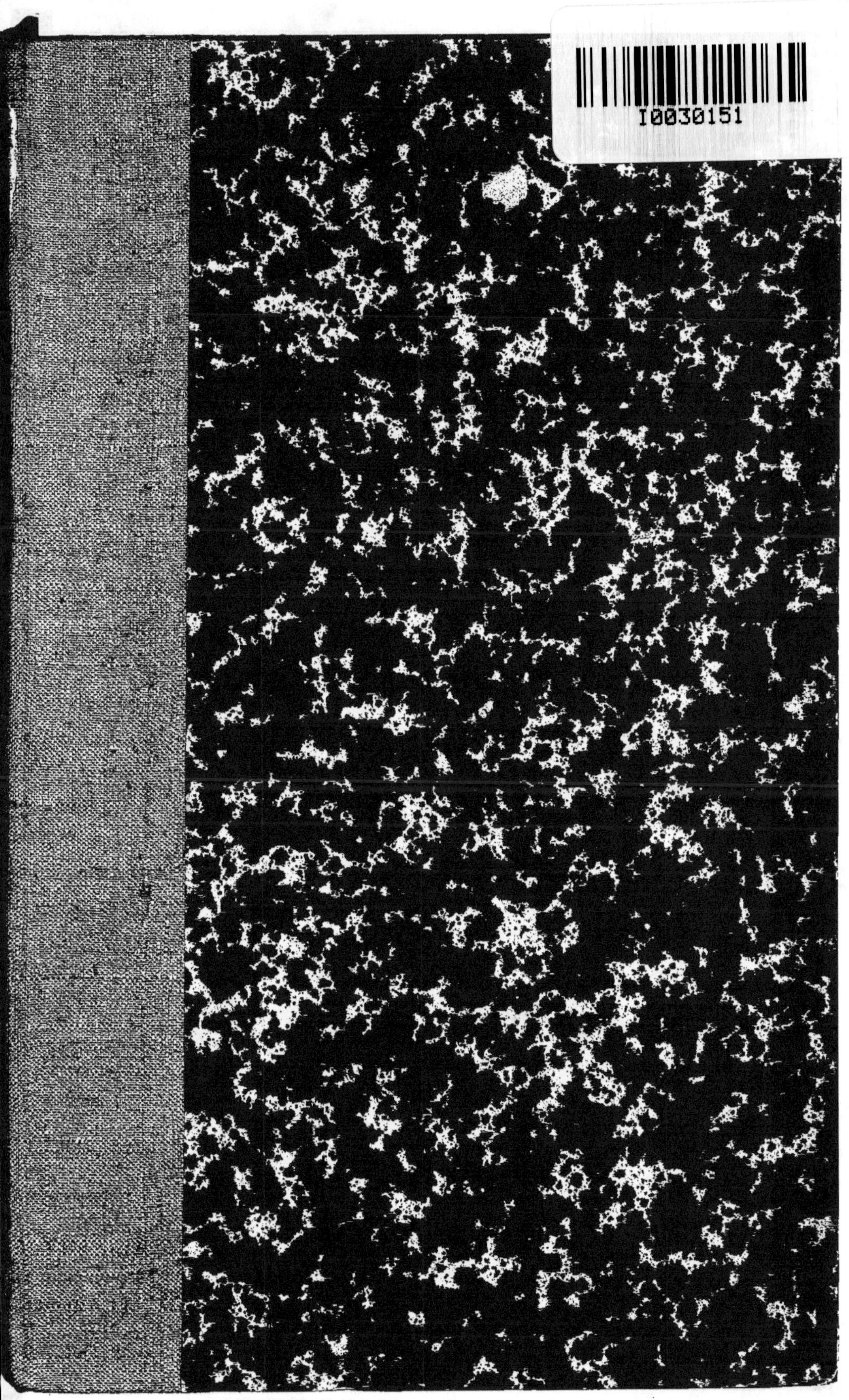

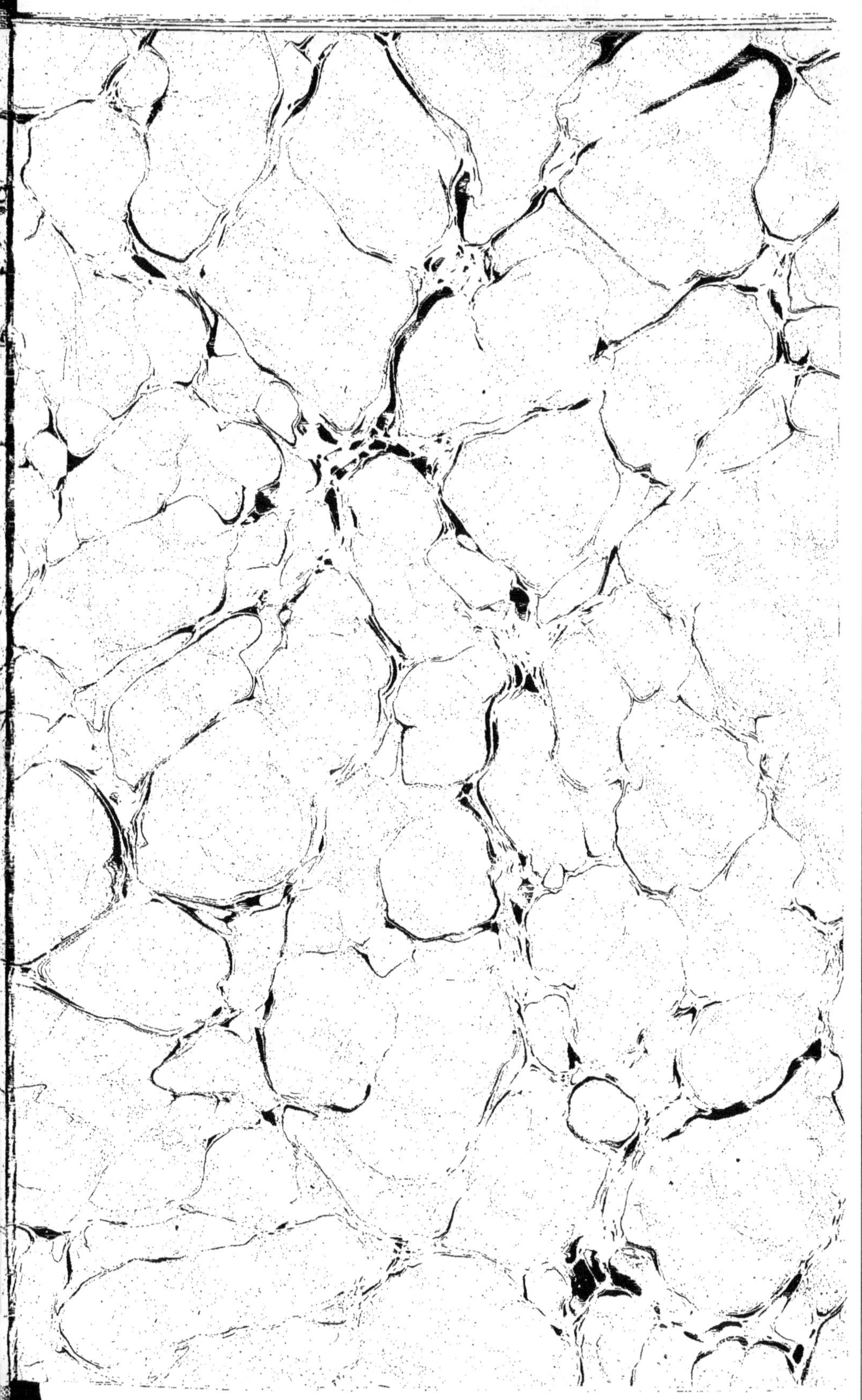

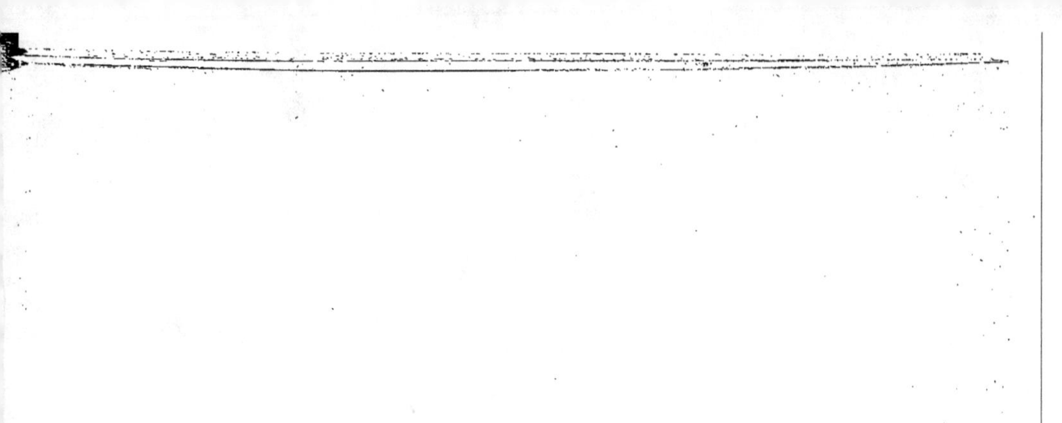

RECHERCHES

SUR LES

FORMATIONS CORALLIGÈNES

DU JURA MÉRIDIONAL

Par M. l'abbé BOURGEAT

Licencié ès sciences physiques, Docteur ès sciences naturelles,
Professeur a la Faculté catholique des sciences de Lille,
Membre des Sociétés géologique et minéralogique de France,
de la Société scientifique de Bruxelles, etc.

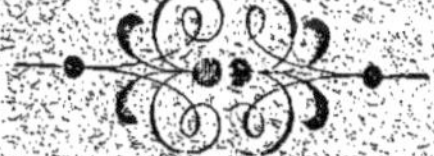

PARIS

F. SAVY
LIBRAIRE ÉDITEUR
77, boulevard Saint-Germain, 77

J. LEFORT
IMPRIMEUR ÉDITEUR
30, rue des Saints-Pères, 30

1888

RECHERCHES

SUR LES

FORMATIONS CORALLIGÈNES

DU JURA MÉRIDIONAL

RECHERCHES

SUR LES

FORMATIONS CORALLIGÈNES

DU JURA MÉRIDIONAL

Par M. l'abbé BOURGEAT

LICENCIÉ ÈS SCIENCES PHYSIQUES, DOCTEUR ÈS SCIENCES NATURELLES,
PROFESSEUR A LA FACULTÉ CATHOLIQUE DES SCIENCES DE LILLE,
MEMBRE DES SOCIÉTÉS GÉOLOGIQUE ET MINÉRALOGIQUE DE FRANCE,
DE LA SOCIÉTÉ SCIENTIFIQUE DE BRUXELLES, ETC.

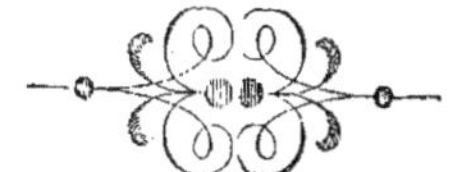

PARIS

F. SAVY
LIBRAIRE ÉDITEUR
77, boulevard Saint Germain, 77

J. LEFORT
IMPRIMEUR ÉDITEUR
30, rue des Saints-Pères, 30

1888

I

INTRODUCTION GÉNÉRALE

Aperçu préliminaire et objet de ce travail.

Parmi les montagnes de l'Europe, il en est peu qui présentent plus d'intérêt pour le géologue que le grand massif en forme de croissant qui s'étend de Bellegarde à Schaffhouse ou de la perte du Rhône à la chute du Rhin et que l'on nomme la chaîne du Jura. Sa position comme sentinelle avancée des Alpes entre le Plateau central et les Vosges, les intéressantes particularités de son relief, le double contact de ses sédiments avec ceux du bassin de Paris vers le nord et ceux du bassin de la Méditerranée vers le sud en font une région réellement à part. Si l'on ajoute à cela que les couches y sont généralement riches en fossiles, que l'observation y est des plus faciles, grâce aux cluses et aux combes qui en entr'ouvrent la masse, que c'est là que les anciens phénomènes glaciaires ont laissé les empreintes les plus manifestes, et qu'outre le fer, le sel et le gypse, elle fournit encore de belles pierres à bâtir, d'excellents marbres, de l'asphalte et l'intéressant combustible que l'on nomme la tourbe, on comprendra que cette région ait attiré plus que beaucoup d'autres l'attention des naturalistes.

Mais de toutes les parties de la chaîne, la plus remarquable peut-être est celle qui a pour centre la ville de Saint-Claude et qui s'étend de la grande arête de la Faucille à la plaine Bressanne.

C'est là, en effet, que les accidents orographiques sont le plus curieux, que les changements de facies sont le plus saillants, que les récifs à Polypiers ont donné lieu aux plus nombreuses discussions et que la séparation du Jurassique et du Crétacé s'accuse le mieux, grâce aux dépôts d'eau douce qui s'intercalent entre ces deux terrains. Aussi la Société géologique de France l'a-t-elle dernièrement choisie pour y tenir une de ses réunions extraordinaires, et ceux des membres qui y ont pris part aux excursions savent combien la connaissance de cette région peut jeter de jour sur beaucoup de points controversés ou mal connus.

Ayant eu l'occasion de l'étudier pendant plusieurs années et d'y recueillir un grand nombre d'observations nouvelles, nous avons cru qu'il n'était pas sans intérêt d'y reprendre en détail l'intéressante question des formations *Coralligènes*. Nous l'avons fait simplement et sans parti pris, cherchant avant tout à bien observer les faits, et ne hasardant qu'après les avoir étudiés, les explications qui nous semblent les meilleures et auxquelles nous renoncerons sans peine si elles ne s'harmonisent pas avec les faits connus ou avec les découvertes ultérieures.

Cette étude nous a été facilitée du reste par la sage et bienveillante direction de M. Hébert, l'éminent doyen de la Sorbonne, ainsi que par les documents ou les conseils qui nous ont été fournis par MM. Guirand, de Lapparent, Bertrand, Pillet, Vélain, Munier-Chalmas, Choffat et Girardot. Nous tenons à leur en témoigner ici notre gratitude et à adresser des remerciements spéciaux à M. de Loriol, qui a bien voulu déterminer un grand nombre de nos fossiles et nous associer à une monographie précédemment publiée sur Valfin.

Mais avant d'aborder le fond du sujet, il convient de faire connaître en quelques mots la situation géographique de la région, la succession des terrains qui s'y présentent, les caractères orographiques qu'elle offre et les principaux travaux dont elle a été l'objet. Nous pourrons alors passer successivement en revue chacun des niveaux où les formations coralligènes apparaissent, et terminer, après les avoir décrites, par quelques considérations générales et quelques comparaisons avec les formations de même nature qui sont le mieux connues jusqu'à ce jour.

Situation géographique et physionomie générale de la région.

La région dont il est ici question appartient à la partie méridionale de la chaîne du Jura et s'étend à la fois sur les départements du Jura et de l'Ain. Elle est très nettement limitée vers l'est par les formations tertiaires de la Suisse, et vers l'ouest par d'autres dépôts tertiaires qui recouvrent, sur la rive gauche de la Saône, ce que l'on nomme la plaine de la Bresse. Mais, vers le nord et le sud, ses frontières sont beaucoup moins précises, et ce n'est que par des accidents secondaires en géologie, tels que les cassures transversales, qu'on peut la séparer du reste de la chaîne avec laquelle elle est en continuité manifeste de relief et de constitution. Les deux cassures que nous avons prises comme limites sont, au nord, celle qui s'étend du col Saint-Cergues à Salins par Saint-Laurent et Champagnole, et au sud, celle qui suit la vallée de la Semine de Bellegarde à Nantua, pour se poursuivre de là vers Saint-Amour ou Consance à travers les croupes occidentales de la chaîne. Nous ne nous sommes cependant pas astreints à leur donner une importance qu'elles n'ont pas, et tantôt nos études se sont arrêtées en deçà, tantôt elles se sont étendues au delà, suivant les besoins de la stratigraphie.

Lorsqu'on s'avance dans cette région en partant du Tertiaire de la Bresse, on trouve d'abord, sur presque toute sa largeur, une plaine légèrement ondulée, où les villages sont nombreux et les cultures variées, puis on arrive à une côte en pente assez rapide qui se poursuit de Salins à Saint-Amour et sur laquelle sont plantés les vignobles du Jura. Vient ensuite une grande ligne d'escarpements qui couronne la côte sur toute la longueur, et dont l'aspect du côté de la plaine rappelle assez bien celui d'une falaise pour qu'on lui ait donné le nom de falaise Bressanne. Elle la domine, en effet, de plus de 200 mètres et donne lieu, par ses découpures, aux anfractuosités pittoresques d'Arbois, de Poligny, de Voiteur, de Conliège, etc. Au delà, le sol reste à peu près horizontal pendant 8 ou 10 kilomètres, et l'on marche vers l'est sur un plateau calcaire où les sources sont rares et les villages espacés. Alors se présente une première arête, celle de l'Euthe, que suit en contre-bas la vallée de l'Ain. Celle-ci franchie, on entre dans la région des pâturages et des forêts, et d'arête en arête on parvient enfin, de 7 à 800 mètres d'altitude, à la dernière zone culminante qui domine de 12 à 1300 mètres la plaine suisse de Genève et de Vaud.

Terrains qui s'y rencontrent.

Quant aux terrains que cette région présente, leur répartition est des plus simples et suit à peu près la marche ascendante du relief.

C'est, en effet, dans la plaine que se montre le plus inférieur d'entre eux, l'étage Keupérien. Les longues bandes rouges qu'il y dessine sont à peine interrompues ou séparées par quelques affleurements de Lias et de Jurassique inférieur, et l'on peut juger de l'importance qu'il y acquiert par les exploitations salifères de Salins, de Grozon et de Montmorot. La côte qui vient ensuite appartient au Lias, et la falaise Bressanne, au Bajocien et au Bathonien, qui forment en même temps le sol du premier plateau. Par delà la barrière de l'Euthe, on atteint l'Oxfordien marneux; puis, à mesure que l'on gagne les hauts sommets, on s'élève du Corallien à l'Astartien, et de l'Astartien aux autres assises jurassiques supérieures jusqu'au Crétacé. A partir de là, la composition du sol reste sensiblement la même : du Jurassique sur les arêtes ou au fond des voûtes rompues, du Crétacé dans les synclinaux avec quelques taches de Mollasse principalement réparties dans le voisinage de la Suisse. On a quitté la zone des formations anciennes pour arriver dans une région où la prépondérance appartient à des dépôts plus récents et où ce n'est que par suite de bouleversements considérables que le Lias a pu péniblement se faire jour.

A n'envisager cette distribution des sédiments que d'une façon superficielle, on pourrait croire qu'elle est le résultat d'une érosion puissante qui aurait agi postérieurement au soulèvement du Jura et fortement dénudé les abords de la plaine. Mais lorsqu'on l'examine d'un peu plus près, on voit que cette hypothèse ne peut être facilement admise. Comment croire facilement, en effet, à une érosion qui aurait agi d'une façon aussi capricieuse et qui, en respectant les arêtes si fortement exposées de la montagne, aurait enlevé du côté de l'ouest tout le Néocomien, tout le Jurassique supérieur, tout l'Oxfordien avec la partie la plus résistante du Bathonien, pour venir s'arrêter sur les marnes vésuliennes si désagrégeables de Plasne et du Fiez? Cette érosion aurait du moins laissé çà et là des débris des terrains ravinés, et l'on pourrait en trouver quelques lambeaux dans des poches ou des plis, comme on retrouve du Gault et de la Craie blanche du côté de la Suisse.

Si l'on songe, au contraire, que plus on s'avance dans cette dernière direction, plus les dépôts tendent à affecter un caractère pélagique, et que le Lias, le Bajocien, le Bathonien, l'Oxfordien et les différents étages du Jurassique supérieur, d'abord très distincts vers la plaine, grâce à des grès, à des concrétions, à des surfaces perforées, ou à des débris végétaux qui en marquent la limite, se lient de plus en plus intimement à mesure que l'on s'approche des hautes chaînes comme s'il n'y avait pas eu d'arrêt de sédimentation durant leur intervalle, on trouvera plus naturel d'attribuer le fait à une émersion progressive de la région, qui, antérieurement au relief actuel, aurait peu à peu rejeté la mer du côté des Alpes et disposé ainsi les sédiments en retrait. Cette manière de voir est celle, du reste, qui s'harmonise le mieux avec les conclusions auxquelles conduisent, comme nous le verrons plus loin, l'étude des formations coralligènes et l'examen des principaux accidents orographiques sur lesquels nous allons nous arrêter d'abord quelques instants.

Principaux accidents orographiques de la région.

Ces accidents orographiques se ramènent à trois groupes : les plissements en voûte, les failles et les cassures transversales.

Les plissements en voûte sont plus spéciaux à la montagne, les failles, à la plaine, et c'est suivant de grandes lignes courant de la montagne à la plaine que les cassures transversales se montrent.

Plissements en voûte.

Les plissements en voûte occupent la partie du Jura où l'épaisseur des sédiments atteint son maximum et se maintient à peu près constante. Ils commencent, en effet, aux arêtes les plus voisines de la Suisse pour cesser près de la Combe d'Ain, au point où la couverture sédimentaire commence à s'atténuer. On en peut compter cinq principaux, qui sont, de l'est à l'ouest :

1° Celui de la Dôle et de la Faucille ;
2° Celui de la forêt de la Frasse et du plateau de Bellecombe ;
3° Celui du bois de la Sambine et de la Combe de Tressus ;
4° Celui des côtes de Bienne et de la forêt d'Avignon ;
5° Celui du mont Noir et de la Joux devant.

Le premier forme l'arête culminante du Jura et se poursuit, parallèlement à la direction générale de la chaîne, à une hauteur comprise entre 1300 et 1700 mètres depuis les environs des Rousses jusqu'à ceux de Bellegarde. Assez régulier vers le nord-est où sa crête est portlandienne et ses flancs néocomiens, il se renverse vis-à-vis

Lelex et Chézery, du côté de la France, et s'ouvre jusqu'au Bathonien pour ne reprendre sa simplicité première qu'au voisinage du Rhône.

Le second s'élève entre 1100 et 1300 mètres, et se poursuit de la forêt de la Frasse aux environs du Crêt de Chalame, en se dédoublant par place et en s'ouvrant peu à peu du Portlandien jusqu'au Lias. Plus au sud, il se referme un peu et vient mourir au levant de Trebillet.

Le troisième, d'abord très simple aux environs de Prémanon où son axe entr'ouvert donne lieu à l'éraillement oxfordien des Arcets, se subdivise ensuite en petits soulèvements secondaires et s'étale en plateau de 1100 à 1200 mètres d'altitude dans le bois de la Sambine et dans la forêt du Fresnois. Mais bientôt son axe s'ouvre à nouveau, suivant la Combe de Tressus, et se continue par Rochefort et les Bouchoux du côté d'Échallon, portant sur son revers occidental, depuis Vaucluse jusque près de la Pérouse, un petit plissement parasite, irrégulier, qui constitue le Bayard et le Chabot.

Le quatrième se suit sans peine des environs de Morez à ceux de Valfin le long des escarpements de la Mouille et de Longchaumois, puis il passe par delà la Bienne à la forêt d'Avignon, revient sur cette rivière au Plan d'acier, et s'ouvre ensuite en une faille qui s'étend par Ranchette et Vulvoz au sud-ouest de Choux.

Le cinquième enfin forme au nord-ouest l'arête de la Savine entre Saint-Laurent et Morbier. Il se continue de là par la Combe des Prés, où il s'ouvre jusqu'au Lias et passe à la faille, puis se referme brusquement, et se prolonge de là vers Lavans, Molinges et Rogna en émettant quelques étoilements latéraux.

Lorsqu'on représente ces cinq soulèvements sur une carte et qu'on néglige les petits étoilements qu'ils émettent, ainsi que les dédoublements qu'ils présentent parfois sur leur trajet, on voit qu'ils sont à peu près équidistants et sensiblement parallèles entre eux et à la direction générale de la chaîne (*Voir planche I*). Tous s'infléchissent un peu vers le sud, comme celle-ci à partir d'une ligne qui passerait par Septmoncel, Saint-Claude et Valfin, et qui jalonnerait une des grandes cassures transversales. Mais ce qu'ils ont de particulièrement intéressant, ce sont les renversements de couches qui se présentent sur celle de leurs pentes qui regardent le couchant.

Ainsi le premier en offre de très beaux entre Lelex et Mijoux, le second dans la Combe du Lac et aux abrupts de Montépile, le troisième dans le cirque de Vaucluse au mont Bayard et au Chabot, le quatrième aux côtes de Cinquétral et d'Avignon, et le cinquième enfin tout le long du Grandvaux depuis le col de la Savine jusque près de Leschères.

Ces renversements se préparent tantôt à la longue, tantôt brusquement par une dissymétrie dans les pentes, analogue à celle que représente la figure 1; puis, le surplomb augmentant, il se produit, au pied des parties renversées, la disposition en forme de V couché que représente la figure 2.

Fig. 1.

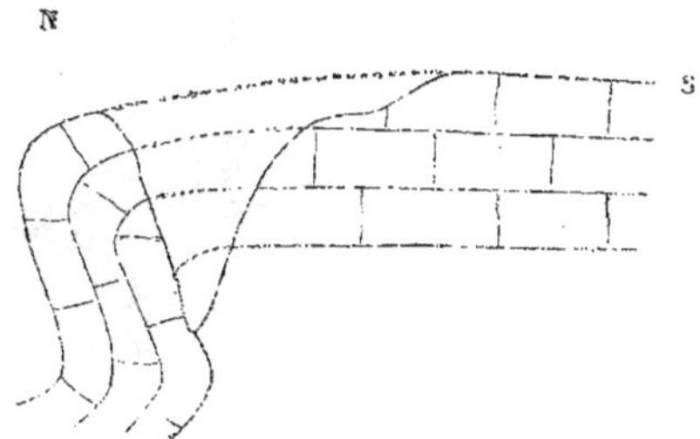

Coupe d'Entre-porte à la sortie vers Champagnole, montrant les couches en regard, vers l'ouest formant genou.

Fig. 2.

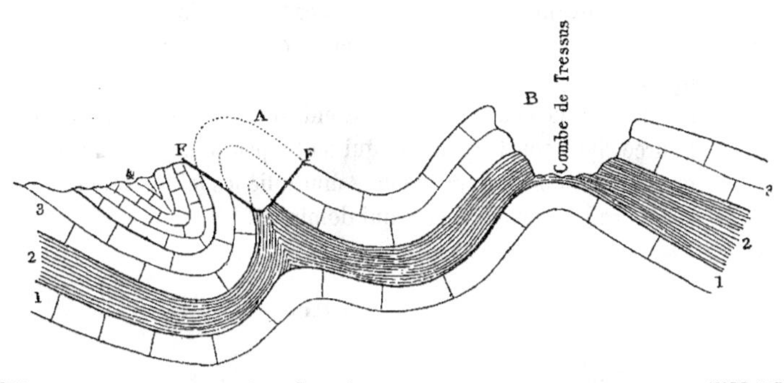

SUD-OUEST — NORD-EST

A. — Sommet rompu.

F et F. — Lèvres des parties brisées.

1. — Jurassique inférieur.
2. — Oxfordien.
3. — Jurassique supérieur.

4. — Néocomien, formant le centre du renversement en forme de V couché.

Lorsque, dans ces conditions, l'arête vient à s'ouvrir, les deux lèvres glissent souvent l'une sur l'autre, et il se produit alors une dénivellation qui donne lieu, suivant l'inclinaison des couches et le sens du glissement, à une faille verticale ou oblique. La figure 3 de Chaumont à Avignon nous fournit un bon exemple de ce glissement.

Fig. 3.

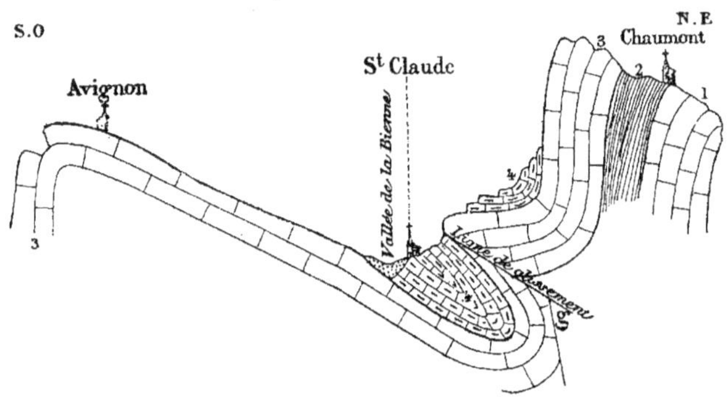

C'est par suite de ces divers phénomènes que, de Montépile à Ponthoux, la chaîne a pris le profil curieux que nous avons représenté à la page suivante et que nous avons cru devoir donner tant parce qu'il traverse la région la plus tourmentée du Jura que parce qu'il se distingue de ceux qui avaient été publiés auparavant. Si on la compare, en effet, à la coupe du mont Rond au mont Robert, qu'Etallon a figurée dans son Esquisse et qui suit à peu près la même direction, on verra combien ce géologue a multiplié les failles là où ce sont au contraire les renversements qui dominent.

Failles.

Les failles ne deviennent en effet prédominantes qu'à partir de la vallée de l'Ain. Mais de là vers l'orient, les renversements sont rares, et c'est à peine si çà et là, comme sur le front de la grande falaise ou près d'Arinthod, on en trouve quelques traces.

Fig. 4.

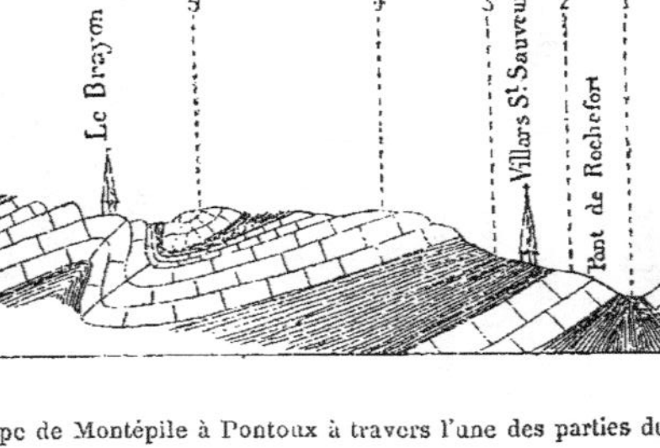

Coupe de Montépile à Pontoux à travers l'une des parties du Jura où les renversements sont le mieux accusés.

1. Lias.
2. Jurassique inférieur.
3. Jurassique moyen.
4. Jurassique supérieur.
5. Néocomien.

Échelle des hauteurs $\frac{1}{50,000}$

Échelle des longueurs $\frac{1}{62,000}$

Les principales d'entre les failles sont :

1° La faille du Maclus, qui naît près des Planches, atteint les lacs du Franois et de Bonlieu, passe à Combe-Raillard et aux Crozets, arrive à Saint-Romain, puis va, par delà les escarpements de Siégès, se perdre ou se transformer près d'Oyonnax.

2° La faille de l'Euthe, dont la marche est jalonnée des environs de Salins à ceux d'Orgelet par une ligne de hauteurs passant par Montrond, Besains, Mirebel, Verges et Nogna.

3° La faille de Combe froide, dont la trace apparaît à Combe froide près de Molain et se continue par tronçons aux environs de la Doye, à la vallée de Baume et au voisinage de Vévy, de Saint-Maur et d'Alièze.

4° La faille de la falaise que l'on suit sans peine d'Arbois vers le sud-ouest de Lons-le-Saulnier par Buvilly, Barretaine, Plane, Château-Chalon, Panessière et Vernantois.

Enfin 3 autres failles bien visibles et bien distinctes dans les plaines d'Arbois et de Poligny, mais un peu plus compliquées et un peu moins reconnaissables vers le sud.

Lorsqu'on représente ces diverses failles sur une carte et qu'on néglige les dédoublements ou les étoilements secondaires qui en troublent plus ou moins l'individualité, on voit :

1° Que dans leur partie nord-est au moins, elles sont sensiblement parallèles entre elles et aux soulèvements en voûte ;

2° Que leur distance diminue progressivement à mesure que la couverture sédimentaire s'amincit ; ce qui fait que celles de la plaine sont beaucoup plus resserrées que celles des bords de l'Ain (*Voir planche I*).

On remarque aussi, quand on établit le profil, que plus les sédiments atteints sont épais, plus aussi la dénivellation devient puissante. Ainsi, tandis que celle du Maclus amène fréquemment le Bajocien et même le Lias au contact du Néocomien ou du Jurassique supérieur, celle de l'Euthe ne s'établit guère qu'entre le Jurassique inférieur et le Jurassique moyen, et celle de la plaine, qu'entre les diverses assises du Lias et les Marnes irisées.

Mais, quelles que soient ces variations de dénivellation et de distance, il est une loi à laquelle toutes les failles semblent obéir, celle d'avoir leur lèvre qui regarde la France, relevée plus haut que celle qui fait face à la Suisse. Le fait est tellement général que c'est à peine si l'on peut y citer çà et là quelques exceptions, et il suffit de

PL. 1

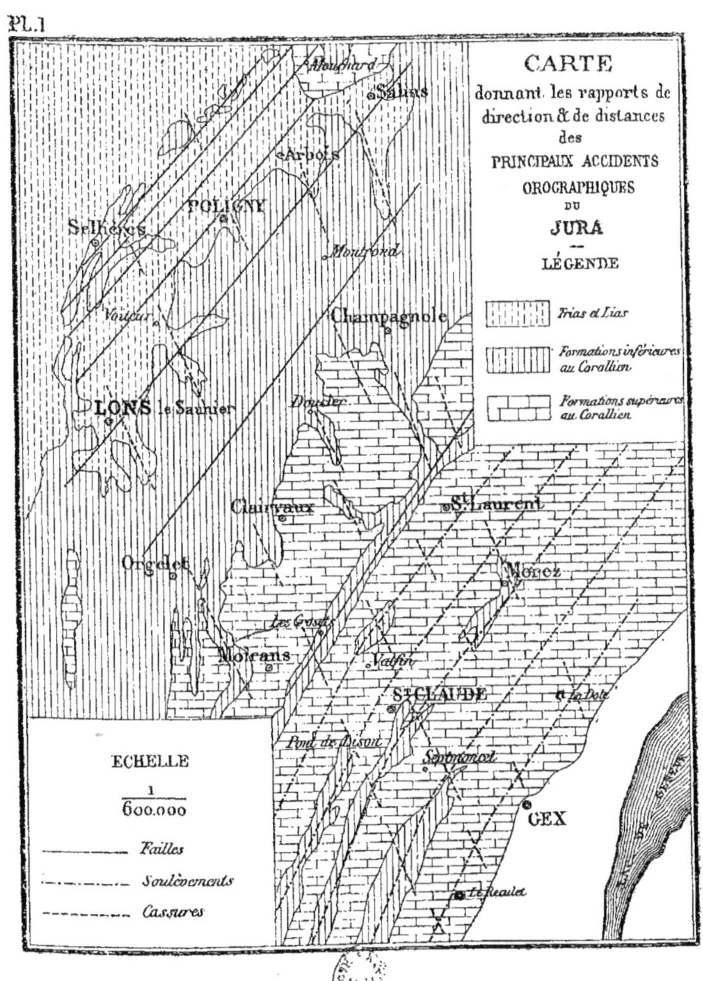

CARTE
donnant les rapports de direction & de distances des
PRINCIPAUX ACCIDENTS OROGRAPHIQUES
DU
JURA
LÉGENDE
Trias et Lias
Formations inférieures au Corallien
Formations supérieures au Corallien
ECHELLE
1/600.000
Failles
Soulèvements
Cassures
Mouchard
Salins
Arbois
POLIGNY
Sellières
Montrond
Voiteur
Champagnole
LONS le Saunier
Doucier
Clairvaux
St Laurent
Orgelet
Morez
Les Crozets
Moirans
Valfin
St CLAUDE
La Dôle
Septmoncel
GEX
Le Reculet

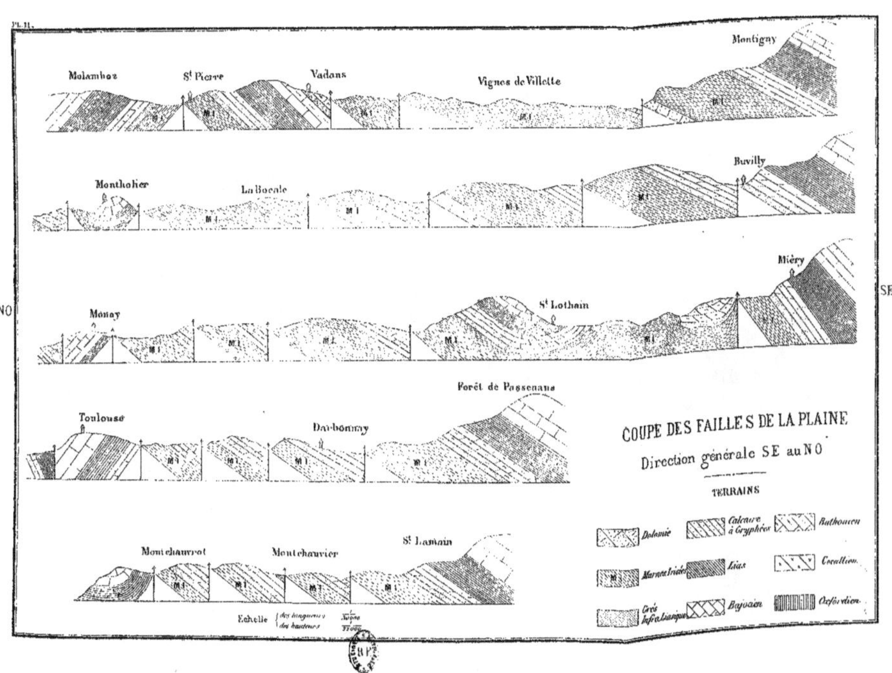

Pl. II.
NO
SE
Melamboz
St Pierre
Vadans
Vignes de Villette
Montigny
Montholier
La Bocale
Buvilly
Miéry
Monay
St Lothain
Forêt de Passenans
Toulouse
Darbonnay
Montchauvrot
Montchauvier
St Lamain
COUPE DES FAILLES DE LA PLAINE
Direction générale SE au NO
TERRAINS
Dolomie
Calcaire à Gryphées
Bathonien
Marnes Irisées
Lias
Corallien
Grès Infraliasique
Bajocien
Oxfordien
Echelle
des longueurs
des hauteurs

jeter les yeux sur la planche II qui représente plusieurs sections des failles de la plaine pour voir que ce n'est qu'en deux ou trois points que le contraire existe.

Cassures transversales.

Quant aux cassures transversales, leur direction est généralement celle des *cluses* et des *ruz*. Elles ne sont pas absolument continues comme les plissements en voûte ou les grandes failles du Maclus et de l'Euthe, mais elles sont formées de tronçons distincts dont la direction générale se dessine nettement lorsqu'on les représente comme nous l'avons fait sur une carte (*Voir planche I*). La plus proche du nord-est suit assez exactement la grande cluse de Morez et de Saint-Laurent vers Champagnole. Les autres s'espacent à peu près parallèlement à sa direction de 5 à 6 kilomètres de distance à mesure que l'on s'avance vers le sud-est.

Tantôt elles passent à la faille et ont alors leurs lèvres portées à d'inégales hauteurs, sans qu'aucune loi paraisse avoir présidé à leur dénivellation; tantôt, au contraire, ce ne sont que de simples coupures par lesquelles les relations stratigraphiques ne sont pas troublées. Mais presque toujours ce sont des émissaires naturels par lesquels les eaux engagées dans les failles ou les plis trouvent une issue, et il n'y a guère de source de la région qui ne se trouve sur leur trajet.

Leurs divisions en tronçons plus ou moins déviés se remarque surtout à leur intersection avec les plissements et les failles, ce qui ne permet guère de douter que ces derniers accidents n'aient eu de l'action sur elles. Mais, en retour, on voit aussi qu'elles ont fait subir aux plissements et aux failles d'assez puissants rejets horizontaux au nombre desquels il faut citer celui de Morillon, observé par la Société géologique, et celui que l'on remarque dans la cluse de Leschères aux Crozets.

Ces faits accusent assurément une connexion d'origine et d'âge sur laquelle nous avons déjà eu l'occasion de nous appesantir ailleurs. Sans revenir sur ce sujet, nous pouvons dire que tout cet ensemble de la chaîne, par ses plissements parallèles et équidistants dans les parties où la couverture sédimentaire est uniforme; par ses failles également parallèles et de plus en plus rapprochées dans celles où les sédiments diminuent ; par les cassures qui y affectent les plissements et les failles et qui en sont affectées ; par les renversements de terrain vers l'ouest qui s'y présentent ; par le sens de dénivellation des failles, s'accuse comme ayant subi une de ces grandes pressions accompagnées de torsions que M. Daubrée a réalisées dans des plaques d'épaisseur graduellement décroissante, et qu'entre les failles et les plissements, il n'y a pas l'opposition que supposait Pidancet.

On peut donc croire que lorsqu'après le dépôt de la Mollasse, le Jura méridional acquit son dernier relief, il obéit à deux mouvements simultanés : un mouvement de refoulement qui y produisit les plissements dissymétriques et les failles, et un mouvement de torsion qui y engendra les cassures. Le premier eut probablement pour cause l'action mécanique qui donna lieu au massif Alpin, et le second les inégalités de résistance que les sédiments refoulés rencontrèrent soit au contact des dépôts sous-jacents, soit près des roches primitives du Plateau Central, de la Serre et des Vosges.

Principaux travaux dont cette région a été l'objet.

Le premier qui, à notre connaissance, ait porté son attention sur la structure des terrains qui se succèdent ainsi de la vallée de la Saône aux frontières de la Suisse, fut un seigneur du pays, le marquis Lezay de Marnézia. Son essai sur la minéralogie du bailliage d'Orgelet en Franche-Comté, lu en 1778 à l'Académie de Besançon, renferme déjà, pour l'époque où il fut publié, des renseignements très dignes d'intérêt. Son auteur avait par exemple parfaitement reconnu le calcaire à Entroques et deviné le rôle que devaient avoir les fossiles dans la détermination des couches. Il s'était même appliqué à en réunir une collection dont Bénédict de Saussure fait le plus grand éloge dans le récit de ses voyages au Jura. Mais son nom devait être éclipsé bientôt par celui de de Saussure lui-même.

Ce fut, en effet, l'année suivante, en 1779, que ce dernier naturaliste visita notre chaîne et fit connaître le résultat de ses observations dans des pages où l'orographie du Jura est décrite avec une remarquable justesse de vue. La forme générale de ce massif, le parallélisme de ses chaînes, les plissements qu'y présentent les couches, la direction qu'y prennent les cluses, l'abaissement graduel qu'il offre vers le couchant, ses liaisons avec les Alpes, la dissymétrie de ses bombements, tout cela est traité par le savant Genevois en des termes que la science ne désavouerait pas aujourd'hui. Il sut aussi expliquer la formation du calcaire oolithique, user sagement des données que la Paléontologie fournissait alors et distinguer les assises blanchâtres ou bleues du Jurassique, des couches Néocomiennes jaunâtres qui forment le revêtement de la Dôle.

Enfin, s'il se trompa sur le mode de transport des blocs erratiques, du moins eut-il le mérite d'en suivre la trace et d'en recommander l'étude aux géologues à venir.

Neuf ans plus tard (1788), Devillaine publia une topographie générale de Champagnole et de son canton, où il signala les dépôts ferrugineux du Kellovien et les nombreux fossiles que présentent les ravins du voisinage de cette petite ville. Vint ensuite un travail de Deluc père, sur les formations des géodes de quartz des environs de Saint-Claude, et c'est ainsi que se termina la série des études géologiques qui, au XVIIIe siècle, eurent pour objet notre région du Jura.

Vers le commencement du XIXe apparurent en même temps deux observateurs de mérite : le docteur Guyétand, à qui l'on doit la première découverte de la craie blanche de Lains, et l'ingénieur Charbaud, dont les mémoires sur la géologie des environs de Lons-le-Saulnier sont à la fois remarquables par l'esprit de méthode que l'on y rencontre et par les renseignements qu'ils contiennent sur les Marnes irisées, le Lias et l'Oolithe inférieure. Mais c'est surtout à partir de 1830 que les observations se multiplièrent et que la géologie du Jura fit les plus grands progrès.

On venait, en effet, de créer la Société géologique de France, de fonder la Société des sciences naturelles de Neufchâtel et de tenir successivement à Porentruy, à Neufchâtel et à Besançon des assises scientifiques, où les naturalistes des deux revers de la chaîne avaient pu se communiquer leurs vues et s'encourager à l'œuvre. Tout cela ne pouvait que donner aux études géologiques une vigoureuse impulsion. Aussi Thurman, Lejeune, Leblanc et Rozet se prirent-ils d'ardeur pour l'orographie, et ne peut-on lire les premiers bulletins de la Société géologique de France sans y trouver la trace des recherches auxquelles ils se livrèrent et des discussions qui en furent la suite.

Pendant ce temps, de Montmollin découvrait le Néocomien des environs de Neufchâtel, Thirria en faisait l'étude dans la Haute-Saône et le Doubs, Itier en commençait la description dans l'Ain, M. Parandier faisait connaître les caractères du Cornbrash des environs de Besançon, et Marcou préludait, par des observations sur l'ensemble des formations sédimentaires du Jura, à ses travaux sur le Jura salinois. De leur côté, Agassiz et Charpentier, reprenant l'étude des dépôts erratiques du revers oriental de la chaîne, arrivaient à démontrer que les caractères de la plupart d'entre eux : striage des blocs, empâtement dans l'argile, défaut de stratification, usure et polissage des roches sous-jacentes, ne pouvaient s'expliquer que par un charriage glaciaire.

On arriva ainsi à l'année 1846, où les connaissances sur ces curieux dépôts s'accrurent encore des remarques de M. Martins et des observations faites sur le revers qui regarde la France, par MM. Lory et Pidancet; si bien qu'il ne fut plus possible de douter qu'à l'époque glaciaire les montagnes du Jura n'eussent été visitées par les glaciers Alpins et n'eussent eu aussi leurs glaciers particuliers. Mais la découverte la plus importante de cette époque (1849) fut assurément celle que fit M. Lory, d'un dépôt d'eau douce entre le Jurassique et le Néocomien. Cette découverte, qui séparait définitivement le Néocomien du Jurassique, eut tant de retentissement et provoqua de si actives recherches que, grâce aux nouvelles observations de Coquand, de Sautier, de M. Renevier et de M. Lory lui-même, on sut bientôt qu'à la fin de la période jurassique, la mer avait abandonné le sud-ouest du Jura, et qu'une série de lacs s'y étaient succédé de Bienne à Belley.

Durant ce temps, la question du relief n'avait pas été négligée. Aux observations de Lejeune, de Leblanc et de Rozet étaient venues se joindre celles d'Escher (1841), de Marcou (1847), de Lory et de Pidancet (1848). Aidé de ces communications et de ses recherches personnelles, Thurman put alors résumer en quelques grandes lois l'orographie du Jura et montrer que cette chaîne devait avoir des rapports d'origine avec le massif Alpin.

Après cela quelques monographies locales, telles que la belle étude de M. Renevier sur le Gault et l'Aptien, celle de Thiollière sur les poissons nouvellement découverts à Cirin, celle de Boyer et de

Ferrand sur les affaissements des environs de Lons-le-Saulnier, et les observations successives de Marcou, de Lory, de Pidancet et de Bonjour, sur la Dôle et les massifs environnants, nous amènent à l'année 1857, où parurent à la fois Étallon et frère Ogérien.

On sait que le premier put, dans l'espace de quatre ans, publier successivement une esquisse géologique du Haut-Jura, une description des Crustacés fossiles de cette région, une classification des Spongiaires qui s'y trouvent et une étude détaillée de la faune corallienne que l'on y rencontre. Quant au second, après avoir débuté par une notice sur la Craie blanche des environs de Lains, que l'on venait de signaler à nouveau, et avoir appelé l'attention sur un éléphant trouvé près de Lavigny, il essaya de faire une description géologique complète du département. Le moment était du reste convenablement choisi; car Coquand, par ses observations sur la Serre; Lory, Bonjour, Benoît et Defranoux, par leurs études sur la craie du Jura et de l'Ain; Sautier, par ses travaux sur les assises du voisinage des Rousses; Étallon et Thurman, par la publication de la *Lethea Bruntrutana*, venaient d'ajouter beaucoup de faits nouveaux à ceux que l'on connaissait déjà; et, si l'on songe qu'à ces travaux vinrent se joindre les communications verbales de naturalistes tels que Germain, Parandier et Guirand, sans compter les observations personnelles de l'auteur, on comprendra que, lorsqu'en 1867 la *Géologie du Jura* parut, elle put compter parmi les publications les plus sérieuses de l'époque.

Il faut dire cependant qu'elle n'était pas exempte de défauts; car d'abord, malgré les belles recherches de Benoît sur les dépôts erratiques du Jura, qui avaient confirmé et complété les travaux d'Agassiz, de Charpentier, de Lory et de Pidancet, et les observations faites à Saint-Lothain et Poligny par une commission à laquelle il appartenait avec Pidancet, jamais frère Ogérien ne voulut se rendre à la théorie du charriage glaciaire. Il se rangea, par contre, trop facilement aux idées d'Étallon sur l'orographie, plaça trop bas les conglomérats de la forêt de Chaux et multiplia trop dans son livre les subdivisions et les zones. Étallon eut aussi le tort de ne pas appuyer de figures ses descriptions de fossiles, de prendre pour des failles la plupart des renversements de couches du voisinage de Saint-Claude et d'admettre avec Marcou que le Crétacé s'était déposé entre les couches déjà fortement relevées du Jurassique. Malgré cela, on doit reconnaître que leurs travaux réunis fixèrent pour cette époque la géologie du Jura et servirent de point de départ aux études ultérieures.

Parmi ces dernières, un assez grand nombre eurent encore pour objet des monographies de régions ou d'étages, et de ce nombre il faut citer les patientes recherches de M. Jaccard sur le Jura Neufchâtelois, les travaux de M. Jourdy sur la Serre et les environs de Dôle, les études de M. Henry sur l'Infralias, les recherches de M. Girardot sur les environs de Chatelneuf, la thèse de M. Maillard sur le Purbeckien, les nouvelles observations de M. Benoît sur le glaciaire, celles de Charpy et de M. Tribolet sur le terrain crétacé des environs de Cuiseau, et enfin les communications faites soit par M. Schardt sur l'éboulement du voisinage du fort l'Écluse, soit par M. Parandier sur les bassins fermés du Jura. D'autres de ces études portèrent sur la paléontologie, et c'est ainsi que Gervais signala quelques-uns des mammifères de la grotte de Beaume, que M. Sauvage étudia les poissons de Froidefontaine dans l'Ain, que M. de Loriol étudia la plupart des Crinoïdes du Jura, et que M. Koby en fit connaître les principaux Polypiers. Mais ce fut surtout vers les deux questions de l'Orographie et du Corallien que les travaux convergèrent en ce moment.

En effet, après Thurman, qui avait cru voir dans les grands accidents du Jura des liens de parenté avec ceux des Alpes et attribué ces deux montagnes à un phénomène commun de refoulement, on avait vu Gressly soutenir la théorie des soulèvements verticaux, puis Pidancet avait cherché à établir une opposition complète entre les plissements en voûte et les failles, qui, selon lui, auraient fait obstacle à ces derniers. En 1860, lors de la réunion de la Société géologique de France à Besançon, M. Lory reprit la thèse des refoulements et attira l'attention sur les renversements de couches que l'on rencontre près de cette ville. Quelques années plus tard, Campiche et Pictet, dans leur monographie de Sainte-Croix ; Jaccard et M. Jourdy, dans leurs études stratigraphiques, et Benoît, dans ses communications sur la grotte de Baume et la Craie, ajoutèrent de nouveaux profils à ceux que l'on connaissait. C'est alors que M. Vézian, reprenant à la fois la thèse de Gressly et celle de Pidancet, chercha à les rajeunir et leur donna l'appui de son autorité dans ses *Études sur le Jura Franc-Comtois*. Mais, malgré sa science et ses efforts, il n'eut qu'un faible succès ; car, à peu près en même temps, les expériences de MM. Favre et Daubrée sur les phénomènes de refoulements, et les observations de M. Heim sur les plissements et les renversements de couches si communs dans les Alpes, ramenèrent à la théorie de Thurman. De son côté, M. Bertrand, étudiant à nouveau la région de Besançon où Pidancet avait cru trouver une opposition entre les failles et les soulèvements en voûte, faisait remarquer que cette opposition n'existe pas et qu'il se rencontre, dans cette région, toute une catégorie de failles dites failles en paquets dont la production ne peut être que le résultat d'un refoulement puissant.

Quant à la question du CORALLIEN, elle passionna davantage encore parce qu'elle se rattachait intimement à la grande question du *Tithonique* et aux changements de facies que l'on constate dans le Jurassique supérieur, à mesure que l'on s'approche des Alpes. Marcou, qui les avait remarqués de bonne heure, s'en exprimait déjà ainsi, en 1847, dans une étude sur le Reculet et la Dôle : « Je n'ai pu distinguer sur ces hautes sommités les trois groupes Séquanien, Kimméridien et Portlandien, car on ne rencontre qu'une immense série de calcaire compact gris blanchâtre, quelquefois oolithique et bréchiforme et tout à fait semblable aux rochers du groupe Corallien et ne renfermant aucun fossile ou du moins très peu, de sorte qu'il est impossible d'établir des distinctions entre les différents groupes de l'étage oolithique supérieur, et qu'ici, plus que sur aucun autre point du Jura, on voit l'impossibilité de réunir le Corallien à l'Oxfordien pour en faire l'étage moyen jurassique. » Dans les années qui suivirent, les recherches de M. Guirand sur le ravin coralligène de Valfin et celles du frère Euthyme sur celui d'Oyonnax avaient eu pour résultat la découverte d'une faune qui, tout en présentant les genres fossiles du Corallien du bassin de Paris, en différait cependant assez sensiblement au point de vue des espèces.

La chose parut assez sérieuse pour qu'Étallon la reprit avec soin dans ses études de paléontostatique et pour que frère Ogérien lui consacra quelques planches et quelques pages spéciales. Ils inclinèrent tous les deux à voir dans ces assises une formation plus récente que le Corallien classique. Étallon la nomma le Dicératien, et frère Ogérien la zone à *Columbellina Sophia*.

Mais ce fut surtout à partir de l'année 1870 que la question des facies coralligènes dans le Jurassique supérieur acquit une importance considérable et suscita les plus vives discussions. Des observations faites aux pieds des Alpes avaient en effet montré que dans cette direction la limite du Jurassique et du Crétacé n'était plus marquée, comme dans le Jura, par un dépôt d'eau douce, et qu'en plusieurs localités on voyait, au-dessus de calcaires à Diceras ayant tout l'aspect du Corallien classique, des couches où les espèces d'âge réellement jurassique se trouvent associées sans transition visible à des types caractéristiques du Crétacé.

Fallait-il, pour expliquer ce mélange, admettre que, durant toute la période des dépôts jurassiques supérieurs du nord, le sol s'était émergé dans le midi, et qu'au début du Crétacé la mer y était revenue, érodant le Jurassique et mêlant ainsi les débris fossilifères de cet âge aux espèces nouvelles qu'elle renfermait alors dans son sein? Ou bien valait-il mieux, devant le grand nombre d'ammonites et d'autres types pélagiques que présentent ces dépôts, soutenir que tandis qu'au Jura le régime terrestre ou d'eau douce se substituait au régime marin, facilitant ainsi la séparation du Jurassique et du Crétacé, la mer n'avait cessé de régner aux Alpes, et que c'était par la continuité même dans la sédimentation que s'expliquait la continuité dans la faune. C'était là le point qu'il s'agissait de résoudre et qui ramenait à l'étude des récifs à Polypiers du midi. Car s'il était démontré que ces derniers étaient tous au niveau du Corallien de d'Orbigny, c'était une preuve qu'il y avait un émergement aux Alpes peu de temps après leur dépôt, et que le mélange n'était que le résultat d'une érosion faite aux dépens du Jurassique. Si, au contraire, on les voyait s'élever par degré du Jura vers les Alpes, c'était un indice que, pendant que la mer régnait dans cette dernière région, elle avait peu à peu déserté le Jura. Presque tout ce que la France et l'étranger comptaient de géologues éminents prit part à ce débat qui s'étendit bien au delà des limites de notre région. Oppel d'abord, puis MM. Mayer, Zittel, Mœsch, Hébert, Jeanjean, Lory, de Tribolet, Falsan, Dieulafait, Jaccard, Guillieron, Bayan, de Loriol, Pillet, Ernest Favre et Hollande y apportèrent successivement le résultat de leurs savantes recherches. Aussi, nous n'exagérons rien en disant que les idées les plus contradictoires se firent jour jusqu'au moment où MM. Choffat et Bertrand vinrent par de patientes études jeter un peu de lumière sur la question.

On sait, en effet, quelles excellentes observations renferme l'*Esquisse du Kellovien* et les travaux sur la zone à *Ammonites Tenuilobatus* du premier de ces deux éminents naturalistes, et combien est intéressante la description que le second nous a donnée du Jurassique supérieur compris entre Saint-Claude et Gray. Cependant, si remarquables qu'aient été leurs travaux, comme les enclaves oolithiques coralligènes se répètent à plusieurs niveaux dans le haut Jura, et que l'on était encore exposé à les confondre, il était nécessaire d'en bien préciser la position et le nombre et de savoir à laquelle d'entre elles il fallait rapporter définitivement le Corallien classique d'Oyonnax et de Valfin.

Il fallait aussi étudier la structure de ces enclaves, examiner les dépôts qui s'y intercalent ou qui en forment le prolongement stratigraphique, et faire ressortir enfin les principales modifications qui en résultent pour la faune. C'est ce que nous avons déjà tenté dans quelques notes adressées à la Société géologique de France ; et c'est grâce aux encouragements qu'elle a bien voulu donner lors de sa visite dans le Jura que nous avons essayé de donner ici plus d'extension à ce genre de recherches.

II

FORMATIONS CORALLIGÈNES DU BAJOCIEN

Formations coralligènes.

Les formations coralligènes se rencontrent à trois niveaux principaux dans le Jura, savoir :

1° Dans le Bajocien;

2° Dans l'ensemble du Jurassique supérieur;

3° Dans le Néocomien qui termine, comme on le sait, sur plusieurs points du Jura la série des formations sédimentaires.

Nous allons les passer successivement en revue, en commençant par les plus anciennes, celles du Bajocien.

Bajocien.

Ce fut Marcou qui, le premier, entreprit une étude suivie du Bajocien du Jura et qui y fit remarquer la présence de Polypiers dans les couches qui confinent au Bathonien. Sa coupe du fort Saint-André et les nombreuses observations qu'il a consignées dans ses recherches géologiques sur le Jura salinois seront toujours consultées avec fruit; mais cet éminent géologue généralisa trop ses observations particulières, en faisant un sous-étage à part du niveau dans lequel les Polypiers se rencontrent près de Salins. En réalité, ceux-ci ne se trouvent ni d'une façon continue ni à un niveau constant dans le Jura, et nous ne pouvons les envisager que comme des accidents dans l'ensemble de la formation.

On sait, en effet, que les assises qui constituent le Bajocien ont une faune distincte de celle du Lias qui le supporte, et du Bathonien qui le surmonte, et que de la base au sommet on voit s'y succéder les types suivants :

1° *Ammonites Murchisonæ* (Sow);
Pholadomya fidicula id. ;
Terebratula perovalis id. ;

2° *Belemnites giganteus* (Schlot);
Ammonites Humphresianus (Sow);
Pleurotomaria ornata (d'Orbigny);
Trigonia costata (Parkinson);
Lima proboscidea (Sow).

Avec des exemplaires souvent nombreux de l'*Ammonites Parkinsonii* (Sow).

On sait aussi qu'en dehors de la faune elles se séparent assez nettement du Lias par les dépôts plus ou moins détritiques qui terminent ce dernier terrain, et que leur limite au sommet est souvent marquée par des surfaces durcies ou par des produits d'érosion.

Or, si nous passons en revue les principaux affleurements bajociens que nous avons observés de la plaine bressanne aux arêtes culminantes, nous verrons qu'en beaucoup de points il nous a été impossible d'y trouver des Polypiers.

Distribution géographique des enclaves coralligènes.

C'est au Jurassique inférieur et surtout au Bajocien qu'appartiennent la plupart des assises calcaires qui surmontent le Lias, à Montmalin, à Saint-Cyr, à Vadans, à Molamboz, à Montholier, à Brainans et tout le long de la grande falaise jusqu'à Lons-le-Saulnier, où les monticules qu'elles dessinent ressemblent à des sentinelles avancées du Jura. Parmi ces monticules, ceux des environs de Mouchard laissent voir çà et là quelques petits massifs d'un calcaire assez compact où des Polypiers siliceux se montrent. Mais, si l'on s'avance près de Montmalin, les massifs se perdent et ne réapparaissent qu'un instant près de Molamboz sur le chemin qui va de cè village à celui de Montmalin. Je n'en ai trouvé ni au couchant de Montmalin, ni aux belles carrières de l'Abergement, ni à celles de Montholier. Ils reparaissent un peu dans les environs de Mantry; mais ils s'interrompent fréquemment à partir de là jusqu'au voisinage de Quintigny et de l'Étoile, où l'on en retrouve quelques îlots.

Plus à l'est, sur le front de la grande falaise, les Polypiers sont bien visibles au fort Saint-André près de Salins, à la Chatelaine près d'Arbois, au bois de Pupillin, à ceux de Chamole et de Chaussenans et au couchant des maisons du Fiez. On les trouve encore dans quelques-uns des murs de clôture qui bordent le chemin de la Doye à Crançot, ainsi qu'aux environs de Crescia; mais j'en ai vainement cherché à Picareau, aux Faisses, à Nogna, dans les carrières de Saint-Maur et dans un grand nombre des affleurements qui se présentent d'Orgelet à Saint-Amour.

Plus à l'ouest, on retrouve à nouveau ces Polypiers bajociens près de Syam et de Prénovel, entre Ravilloles et le lac d'Antre, près de Saint-Romain-de-Roche, au Martinet de Saint-Claude et au Crêt de Chalame; mais ils paraissent encore manquer à Combe-Raillard, aux fermes de sur Momain, à la Combe des Prés, sur le chemin de Rochefort aux Bouchoux, ainsi qu'en plusieurs points du voisinage de Choux.

Tout cela montre donc qu'il est aussi fréquent de voir les enclaves coralligènes faire défaut dans le Bajocien du Jura que de les y rencontrer. Et encore si l'on veut éliminer toutes les localités où les Polypiers ne se montrent qu'en faibles colonies, arrive-t-on à ne trouver qu'un nombre assez limité de vrais récifs coralliens, tels que ceux de Molamboz, du fort Saint-André, de Chamole, du Fiez, de la Doye, de Crescia, de Syam, de Prénovel, du Martinet et du Crêt de Chalame.

Niveau des enclaves.

Pour savoir maintenant si ces îlots se trouvent tous au même niveau, il est nécessaire de recourir à des coupes détaillées, relevées en quelques-unes des localités où ils se montrent le mieux.

Nous commencerons par celle de Molamboz, pour passer successivement à celles de Chamole, du Fiez, de Prénovel, du Martinet et du Crêt de Chalame.

Coupe de Molamboz.

A Molamboz, on trouve, à partir du Lias, la succession suivante :

1° Couches bleuâtres, grumeleuses et marneuses à la base, devenant plus calcaires au sommet, avec *Pholadomya fidicula;* . . . . — 12 mètres.

2° Couches calcaires jaunâtres et minces, avec rares *Lima proboscidea* et nombreuses traces d'Algues. Ces couches sont surtout remarquables par deux lits de minerai de fer limonitique de 0,60 centimètres d'épaisseur chacun qu'elles renferment et qui sont séparés par 2 mètres d'intervalle; . . — 18 mètres.

3° Calcaire blanchâtre veiné de rouge, avec nombreux rognons de silex de couleur rouge-brun, pris dans la masse ou associés à quelques lits d'argile; . . . . — 6 mètres.

4° Récifs à Polypiers : *Pleurotomaria conoidea, Stomechinus bigranularis,* etc.; . . . . . — de 3 à 4 mètres.

5° Marnes bleues à *Ostrea acuminata,* commençant le Bathonien.

Coupe de Chamole.

De Poligny aux carrières de Chamole, les assises bajociennes se distribuent comme il suit :

1° Calcaire marneux facilement désagrégeable, avec *Ammonites Murchisonæ;* . . . . . — de 6 à 7 mètres.

2° Calcaire roux avec trois niveaux de nodules siliceux, engagés dans la roche et faisant saillie sur les surfaces exposées à l'air, beaucoup de *Bryozoaires* observables surtout au sentier de la Percée vers Chamole. *Lima proboscidea, Pleurotomaria ornata* et *Belemnites giganteus* visibles près de la ferme de Champ-Rigniard; . . . . — de 25 à 30 mètres.

3° Calcaire à Entroques, miroitant, blanchâtre et tirant sur le jaune, exploité comme pierre à bâtir dans les carrières au-dessus de Poligny. *Pleurotomaria ornata, Nerinea jurensis;* — 15 mètres.

4° Calcaire à Polypiers, visible près du tilleul de Chaussenans, où il apparaît en dôme à la surface du sol. — de 5 à 6 mètres.

On le retrouve encore, mais moins développé, sur le chemin qui va de Chamole au bois de Pupillin;

5° Calcaire gris, grumeleux par place, oolithique en d'autres, se soudant au calcaire à Entroques sur les bords du récif, surface supérieure durcie. . . . . . — 4 mètres.

6° Marnes gris-jaunâtres, avec *Ostrea acuminata*, Serpules et débris roulés d'*Ammonites Parkinsonii* annonçant le Bathonien. . . . . — 2 m. 5.

Coupe du Fiez.

Des escarpements de la Doye à la marnière du Fiez, la série des assises est la suivante :

1° Calcaire roux, en petits bancs et en stratification irrégulière, avec nodules siliceux. *Ammonites Murchisonæ* et *Belemnites sulcatus* surtout visibles au sommet ; . . . — 18 mètres.

2° Calcaire compact, bleuâtre, peu fossilifère en gros bancs ; . . . . — 4 mètres.

3° Calcaire blanc spathique à Entroques ; . — 10 mètres.

4° Calcaire compact, bleu, devenant oolithique par place, avec *Nerinea jurensis* et enclaves de Polypiers formant récifs. Surface durcie aux endroits où les récifs manquent ; . — 5 mètres.

5° Marnes bleues, grisâtres, avec *Ostrea acuminata* et débris d'*Ammonites Parkinsonii*. . . . . . — 3 m. 50.

Coupe de Prénovel.

A Prénovel, les couches bajociennes se superposent comme il suit :

1° Calcaire à rognons siliceux, bleuâtre, souvent taché de roux avec *Ammonites Murchisonæ* ; . . . . — 25 mètres.

2° Calcaire bleuâtre, en bancs minces, avec *Lima proboscidea*, *Trigonia costata* et intercalation de marnes sableuses ; — 7 mètres.

3° Calcaire à Entroques, blanc et grumeleux à la base, avec nids de Polypiers, spathique et bleuâtre vers le milieu, blanc au sommet. . . . . — 30 mètres.

Les encrines diminuent progressivement de la base au sommet.

La formation se termine par une surface durcie que surmontent des dalles minces, à *Ostrea Knorii*.

Coupe de Chaffardon.

Près de Saint-Claude, une coupe prise entre le pont de Rochefort et Chaffardon permet d'observer, à partir du Lias, les assises suivantes :

1° Calcaire jaunâtre, dur, siliceux et se désagrégeant par place, avec rognons de silice; . . . — 6 mètres.

2° Calcaire à Entroques, jaune, spathique et en petits bancs avec *Terebratula perovalis* à la base, *Belemnites giganteus* au sommet; . . . . — 17 mètres.

3° Calcaire à Polypiers, bleu et compact dans ses assises inférieures, mais divisible en plaquettes au milieu, oolithique avec Entroques et radioles de *Cidaris* au sommet; . — 16 mètres.

4° Calcaire compact blanc ou jaunâtre, siliceux en bas, spathique et brun au contact du Bathonien; . . — 35 mètres.

5° Calcaire grumeleux à *Pholadomya Murchisonæ* et *Ostrea acuminata* commençant le Bathonien.

Coupe du Crêt de Chalame.

Au Crêt de Chalame, le Bajocien débute par 5 ou 6 mètres de calcaires ocreux, qui se lient assez intimement avec les dernières formations du Lias.

Puis viennent les assises suivantes :

1° Calcaires spathiques, tantôt blancs, tantôt bleus, avec enclaves de Polypiers et calcaire à Entroques au contact de ces derniers; . . . . — 15 mètres.

2° Calcaires en petits bancs avec rognons de silex, rares exemplaires de l'*Ammonites Humphriesianus*, *Belemnites giganteus*, *Pleurotomaria ornata;* . . . . . — 23 mètres.

3° Calcaire à Entroques avec enclaves discontinues de Polypiers siliceux formant îlots; . . . — 18 mètres.

4° Calcaire marneux en dalles minces à *Ostrea acuminata* formant la base du Bathonien.

Facies normal et facies coralligène.

De ces coupes il est permis de conclure que si les îlots à Polypiers se montrent plus communément au sommet du Bajocien, ils ne sont cependant pas absolument toujours parqués à ce niveau. On les voit, en effet, descendre un peu plus bas, à Prénovel et au voisinage de Saint-Claude, et apparaître déjà vers la base près du Crêt de Chalame. Mais ces coupes font voir aussi qu'en général c'est à leur contact que les calcaires à Entroques atteignent leur plus beau développement et que ces derniers s'élèvent ou s'abaissent en même temps que les récifs dans la série.

Nous venons, en effet, de les voir au sommet du Bajocien, tant à Molamboz qu'à Chamole, et un peu plus près de la base vers Saint-Claude et les arêtes culminantes. Si l'on s'éloigne d'un îlot quelconque, on les voit aussi s'atténuer assez rapidement pour faire place à des assises des calcaires compacts ou grenus. Ils sont très visibles près de Chamole ; mais on ne les retrouve guère à peu de distance de là à Barretaine et à Plasnes, si bien qu'on peut juger presque par le développement que présentent ces calcaires de la proximité plus ou moins grande à laquelle on se trouve des récifs. Mais c'est surtout aux environs de Prénovel que le changement est sensible. En tous les points de la forêt où les Polypiers ne se montrent pas, les Entroques sont rares, tandis qu'elles se multiplient dès qu'ils apparaissent. La même remarque peut se faire près de Saint-Claude, où les changements de facies des couches sont des plus sensibles. On peut donc croire que les Entroques aimaient les stations coralligènes et se plaisaient à s'y multiplier. Il est toutefois intéressant de noter que nulle part dans le Jura les calcaires oolithiques blanchâtres n'acquièrent au contact des Polypiers bajociens le grand développement qu'ils présentent, comme nous allons le voir, au contact de ceux du Jurassique supérieur.

C'est à Chamole qu'ils m'ont paru présenter le plus de puissance. Encore est-elle de 4 ou 5 mètres seulement.

Faune du facies normal et du facies coralligène.

Quant à la faune, elle n'est pas non plus partout identiquement la même. Près des îlots à Polypiers, ce sont les Echinides, les Térébratules, les Rhynchonelles et les Gastéropodes qui la constituent en grande partie.

Les principaux fossiles sont alors :

Terebratula perovalis ;
» *Philippsii ;*
Hemithyris spinosa ;
Pleurotomaria ornata ;
» *mutabilis ;*
» *conoïdea ;*
Turbo duplicatus ;
Nerinea jurensis ;
Stomechinus bigranularis.

Tandis que, dans l'intervalle, la prépondérance appartient, soit aux lamellibranches, tels que *Pholadomya fidicula, Panopea jurensis, Astarte obliqua, Lima proboscidea,* soit plus rarement aux céphalopodes signalés au début de cette étude et auxquels on peut ajouter les *Ammonites subradiatus* et *Gervillei.*

On comprend dès lors pourquoi les auteurs qui se sont occupés du Bajocien y ont signalé les formes organiques comme étant étrangement réparties. Y eut-il entre les Polypiers, qui sont généralement siliceux, et la silice en rognons qui se poursuit dans une partie notable de la formation, quelque liaison d'origine? Nous ne saurions le dire. Mais ce qui ne peut souffrir de doute, c'est qu'à l'époque où ils apparurent, presque toute la partie que nous venons de parcourir devait former un bas-fond océanique, puisqu'on les rencontre de l'un à l'autre de ces extrémités. Ajoutons toutefois que sur cette grande surface les récifs eux-mêmes présentent des variations sensibles de forme et de structure. Presque tous ceux du voisinage de la falaise sont des récifs construits, et l'on peut voir au fort Saint-André, à Chamole et au Fiez, des masses de Polypiers greffés les uns sur les autres, former presque à eux seuls le bombement discoïdal de l'îlot.

Le fait est surtout visible aux escarpements des fermes de la Doye qui dominent la vallée de Baume. Il y a là, en effet, au-dessous d'un vieux chemin qui se rend vers Lamarre, une lentille de 8 à 10 mètres d'épaisseur et d'une quarantaine de mètres de diamètre, qui forme noyau dans le reste des sédiments et qui est tout entière constituée par des Polypiers des genres *Synastrea, Pavonia, Stylina,* régulièrement implantés l'un sur l'autre.

Plus à l'est, au contraire, il est rare que les îlots coralligènes soient uniquement d'origine organique. La masse en est le plus souvent formée d'un calcaire compact à cassure lisse, dont la surface et les anfractuosités seulement sont couvertes de Polypiers. On croirait, à voir comment ces organismes se distribuent, qu'ils n'ont pas le temps de se multiplier, et qu'on assiste aux premières phases de développement d'un récif construit.

J'ai recherché avec soin si, dans le voisinage de ces récifs, il se rencontrait des calcaires dolomitoïdes, analogues à ceux qui sont si communs près des récifs du Jurassique supérieur. Jusqu'ici, je n'en ai découvert qu'en quelques-uns des points qui forment le pourtour des massifs de Chamole et du Fiez. Si je ne puis affirmer qu'ils manquent près des autres, du moins suis-je porté à croire qu'ils y sont assez rares.

III

JURASSIQUE SUPÉRIEUR

Étude des coupes et détermination du niveau des enclaves coralligènes d'après leur examen.

Jurassique supérieur.

En arrivant au Jurassique supérieur, nous atteignons les assises où les couches coralligènes présentent leur plus beau développement et ont donné lieu aux plus vives discussions. C'est, en effet, durant leur dépôt que les Polypiers se multiplièrent le plus dans le Haut-Jura et que s'édifièrent, soit à Valfin, soit à Oyonnax, soit en beaucoup d'autres points, les grands massifs à Polypiers sur l'âge desquels les controverses se sont si longtemps prolongées. C'est donc là qu'il convenait de s'arrêter plus longtemps et de multiplier les observations et les coupes pour chercher, dans l'étude patiente des faits, la solution des questions en litige.

Mais pour rendre ces coupes comparables entre elles, il fallait choisir un point de repère, dont l'âge fut indiscuté et dont la position fut telle qu'on put les y rapporter toutes, aussi bien celles qui s'arrêtent dans le Jurassique supérieur que celles qui descendent jusqu'à l'Oxfordien. Nous avons pensé qu'il n'y en avait pas de meilleur que le niveau d'eau douce du Purbeckien, ou, à son défaut, la ligne de séparation du Jurassique et du Crétacé. La position du Purbeckien est, en effet, parfaitement connue, et ses caractères bien tranchés; et, comme il surmonte toute la série du Jurassique, il n'y a pas d'affleurement, si peu profond qu'il soit, qui ne puisse lui être rapporté. Ajoutons de plus qu'ayant une faible épaisseur, il importe peu qu'on le prenne par la base ou par le sommet, lorsqu'il s'agit d'épaisseurs considérables comme celle que nous avons à envisager ici.

C'est donc à ce niveau que nous avons fait commencer toutes nos coupes, et c'est la raison pour laquelle elles suivent toute la série descendante.

Mais, en le choisissant, il fallait éviter d'aller se perdre au début dans les affleurements où la distinction des étages est des plus difficiles, et ne commencer que par ceux qui la permettent le mieux, afin de passer ainsi progressivement du connu à l'inconnu. Or, si l'on songe que c'est dans la direction des Alpes que le Jurassique supérieur ressemble le moins à celui des autres régions, on comprendra que ce n'était pas de ce côté, mais bien vers le nord-ouest, qu'il convenait d'en commencer l'étude. Et de fait, c'est là que se reconnaissent le mieux les étages classiques de Thurman et que leur faune bien connue fournit les meilleures indications.

Notre marche se trouvait ainsi toute tracée; nous devions partir des environs de Champagnole, où MM. Girardot, Choffat et Bertrand ont si bien mis en lumière les caractères du Jurassique supérieur, et nous avancer pas à pas vers le sud-ouest du côté des Alpes, étudiant le plus grand nombre possible d'affleurements, notant les indications qu'ils fournissent, et prenant pour règle de ne rien avancer qui ne soit appuyé sur une observation attentive des faits.

Avant d'entrer dans le détail des coupes, rappelons sommairement que, d'après les études des éminents géologues dont nous venons de citer les noms et qui ont été vérifiées par la Société géologique de France dans sa réunion du mois d'août (1885), le Jurassique supérieur présente, aux environs de Champagnole, la superposition suivante de faunes :

1° Une faune, dite *Rauracienne*, où se rencontrent le *Cidaris florigemma* (Philipps), l'*Hemicidaris crenularis* (Lamarck), le *Glypticus hieroglyphicus* (Agassiz), la *Lima halleyana* (Et.), le *Pecten octocostatus* (Rœm), la *Valdheimia Mœschi* (May), ainsi que beaucoup d'autres fossiles du Glypticien des divers géologues français;

2° Une faune dans laquelle abondent la *Natica hemispherica* (Buvi), la *Valdheimya humeralis* (Rœm), la *Rynchonella pinguis* (Rœm), le *Cidaris Blumenbachii* (Müns), avec quelques représentants de la *Ceromya excentrica* (Agassiz), et qui paraît assez bien correspondre à l'*Astartien*, ou *Séquanien* de Thurman ;

3° Une faune où le *Pterocerus Oceani* (Delab) domine, associé plus ou moins à la *Thracia incerta* (Desh), à la *Ceromya excentrica* (Agassiz), à la *Pholadomya Protei* (Agassiz), au *Trichites Saussurei*

(Thur.), au *Pseudocidaris Thurmanii* (Et.), et qui est sûrement le *Ptérocérien* de Thurman : le niveau le plus net du Jurassique supérieur dans le Jura ;

4° Une faune à *Ostrea virgula*, bivalves et petits gastéropodes, qui rappelle le *Virgulien* du Boulonnais ;

5° Enfin, suivant les régions, une cinquième et dernière faune dans laquelle la *Cyprina Brongniarti* et l'*Ammonites gigas* et parfois la *Cyrena rugosa* rappellent le *Portlandien*.

Ce sont ces diverses faunes qui nous serviront de guides, et suivant que les enclaves oolithiques se trouveront engagées dans leur sein ou bien au-dessus ou au-dessous d'elles, nous pourrons préciser suffisamment leur position et juger ainsi de leur âge.

Pour savoir comment ces enclaves apparaissent et se distribuent en allant du nord-ouest au sud-est, nous avons réparti nos coupes en trois séries.

La première nous conduira des environs de Champagnole au voisinage de la Bienne, c'est-à-dire aux abords des récifs connus de Valfin, d'Oyonnax et de Viry.

La seconde comprendra la zone de ces récifs.

La troisième nous permettra de voir ensuite comment les assises se modifient lorsqu'on s'avance de là vers les arêtes culminantes de la région.

Peut-être eût-on désiré trouver dans ces coupes la division en étages précis, telle qu'elle est donnée par beaucoup de géologues jurassiens et qu'elle est connue dans le bassin de Paris. Peut-être aussi aurait-on souhaité que chacune d'elles fût incorporée dans un texte étendu, qui en indiquât les caractères et la rattachât aux voisines. Mais, après avoir essayé ce dernier mode d'exposition, nous avons constaté qu'il augmenterait démesurément le travail sans en accroître la clarté. Nous avons donc pensé qu'une courte explication après chaque coupe en dirait autant que les commentaires les plus longs, et qu'en laissant celle-ci à côté de ses voisines, on en permettrait plus facilement les comparaisons qu'avec un texte étendu.

Quant *à la division par étages précis*, nous n'aurions pas mieux demandé que de la faire s'il nous eût été possible d'assigner à chacun d'eux des limites bien nettes. Mais, à part quelques cas où ces limites paraissent se montrer, nous n'avons trouvé dans tout le Jurassique supérieur du Jura Méridional qu'un passage insensible d'une série d'assises à la suivante et d'une faune à une autre. Comment dire, après cela, si telle ou telle formation, de trois, quatre ou même dix mètres de puissance, qui n'a pas de fossile et qui confine à deux étages, appartient à l'un plutôt qu'à l'autre? Nous avons donc d'abord relaté simplement nos observations en faisant remarquer en quelques mots à quelle faune (rauracienne, astartienne, ptérocérienne, etc.) les enclaves coralligènes se rapportent. Ce n'est qu'après cela que nous avons essayé d'aborder le Jurassique supérieur par étages; et que, sans trop préciser les limites de ces derniers, nous avons étudié dans un chapitre à part les changements généraux de *facies* et de *faune* que chacun d'eux présente.

Première série de coupes.

La première série de coupes comprend celles du Pont-de-Laime, de Foncine-le-Haut, de Foncine-le-Bas, de Ménétrux, du Saut-Girard, d'Étival, des Crozets, de Saint-Pierre, de Chaux-des-Prés, de la Landoz et de Leschères. Ce sont, comme nous l'avons dit, les plus voisines de Champagnole ou de la région où les diverses faunes du Jurassique supérieur sont le plus facilement reconnaissables. Leur distance est assez faible pour qu'en les étudiant avec attention, on puisse suivre, pas à pas, les modifications que les formations subissent en venant vers le sud-est.

Coupe du Pont-de-Laime.

Cette coupe suit la route nationale de Genève à Paris, en passant du Néocomien du Pont-de-Laime aux affleurements oxfordiens de Morillon.

Elle présente la succession suivante plus ou moins résumée à droite dans la figure ci-jointe :

1. Calcaire compact blanchâtre avec intercalation de bancs dolomitiques.	15 m.	»
2. Calcaire compact, tantôt jaunâtre, tantôt bleuâtre, avec apparition sur certains points d'arborescences tortueuses, de moules de *Cyprina Brongniarti* et de traces de Nérinées. .	29	»
3. Dolomie marneuse avec taches bleues ou couleur lie de vin. .	7	»
4. Calcaire fragmenté devenant oolithique vers la base. . .	2	50
5. Dolomies grisâtres.	9	»
6. Banc grisâtre grumeleux avec débris indéterminables d'*Ostrea*.	0	10
7. Marnes dolomitiques sans fossiles.	4	»

FIG. 5.

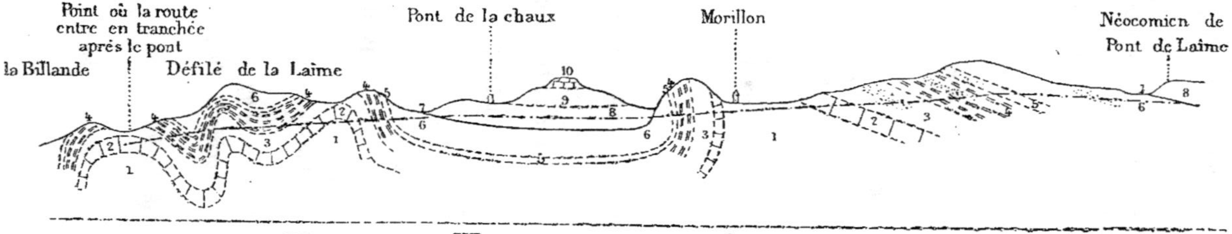

Point où la route entre en tranchée après le pont

la Billande

Défilé de la Laime

Pont de la chaux

Morillon

Néocomien de Pont de Laime

Niveaux oolithiques

Route suivie

1. Oxfordien.
2. Rauracien.
3. Astartien.
4. Ptérocérien.
5. Virgulien.
6. Portlandien.
7. Purbeckien.
8, 9 et 10, Néocomien.

Échelle des longueurs $\frac{1}{40,000}$

Échelle des hauteurs $\frac{1}{20,000}$

8. Marno-calcaire grisâtre avec petits grains rouges et *Ostrea virgula*.	3 m.	»
9. Calcaire blanc fragmenté assez compact au sommet, mais oolithique à la base.	2	»
10. Marno-calcaire bleuâtre à *Ostrea virgula*.	0	80
11. Alternance de dolomies et de calcaire plus ou moins fragmenté avec traces fréquentes de Nérinées.	13	»
12. Marnes bleuâtres à *Terebratula subsella, Thracia incerta, Pterocera Oceani*.	0	20
13. Calcaire à pâte serrée avec Nérinées.	8	»
14. Alternance de calcaire jaunâtre et de marnes à *Ostrea spiralis* et à *Terebratula subsella*.	4	»
15. Calcaire compact avec quelques rares Polypiers. . .	10	»
16. Marnes bleues à *Ceromya excentrica, Pterocera Oceani, Pseudocidaris Thurmanii*.	12	10
17. Calcaire compact peu ou pas fossilifère.	2	»
18. Calcaire suboolithique avec *Diceras* et Polypiers. . .	5	»
19. Alternance de calcaire compact semé çà et là de quelques Polypiers et de marnes à *Ceromya excentrica, Ostrea bruntrutana, Trichites Saussurei, Pholadomya Protei*.	31	»
20. Calcaire compact jaune, gris, sans fossiles, devenant légèrement oolithique à la base.	9	»
21. Interruption.	8	»
22. Calcaire oolithique blanc à *Rhynchonella pectunculoïdes* et *Natica hemispherica*.	4	»
23. Calcaire compact plus ou moins fragmenté avec des débris de *Valdheimia humeralis*.	24	»
24. Interruption.	11	»
25. Alternance de calcaire et de marnes bleuâtres à *Lima halleyana, Serpules* et *Cidaris florigemma*.	3	05
26. Calcaire blanc à texture serrée et à pâte blanche plus ou moins pétrie de grosses oolithes bleuâtres.	21	»
27. Oxfordien.		
Total.	228 m.	

En examinant cette coupe, on retrouve le Portlandien dans les assises à *Cyprina Brongniarti*, n° 2;

Le Virgulien, dans les deux petits niveaux marneux à *Ostrea Virgula*, n°s 8 et 9;

Le Ptérocérien, dans les deux niveaux à *Thracia incerta, Pterocera Oceani, Ceromya excentrica, Pseudocidaris Thurmanii*, etc., n°s 12 et 14;

L'Astartien, dans les assises à *Natica hemispherica* et *Valdheimia humeralis*, n°s 22 et 23;

Le Rauracien, dans les assises à *Cidaris florigemma*, qui s'étendent ensuite jusqu'aux marnes oxfordiennes.

Les enclaves oolithiques s'y répartissent alors comme il suit :

Une première encore mal accusée (nº 4 de la coupe), au-dessus des assises Virguliennes à *Ostrea*.

Une seconde imparfaitement oolithique aussi (nº 9 de la coupe) dans l'intervalle de ces assises.

Une troisième (nº 18) avec *Diceras* et Polypiers au milieu des horizons marneux à Ptérocères.

Une quatrième enfin (nº 22), entre ces horizons et les assises à *Valdheimia humeralis*.

Toutes sont encore faibles.

Il y a aussi, au-dessus des marnes à *Ceromya* (nº 16), des calcaires compacts, blancs, où l'on trouve des Polypiers.

Coupe de Foncine-le-Haut.

Cette coupe suit le chemin de Foncine aux Maisons d'Entre-Côte, où se montre l'Oxfordien. Elle ne part pas du sommet du Jurassique qui est masqué par du glaciaire, mais on peut estimer assez exactement à près de 35 mètres l'épaisseur des couches recouvertes.

Voici quelle est la succession d'assises que j'y ai rencontrée :

1. Jurassique supérieur plus ou moins masqué. . . .	35 m.	»
2. Alternance de calcaires blancs et lithographiques en petites assises, de calcaires tachetés de bleu à gros bancs et de dolomie plus ou moins marneuse.	22	»
3. Dolomie grisâtre.	2	»
4. Calcaire marneux jaune, avec *Ostrea*, devenant oolithique à la base.	10	»
5. Marnes à petits grains bleuâtres et rouges avec débris d'*Ostrea virgula* et d'*Ostrea spiralis*.	1	50
6. Calcaire blanc fragmenté, oolithique ou crayeux par place avec *Terebratula subsella*.	8	»
7. Marnes dolomitiques non fossilifères.	1	»
8. Calcaire gris jaunâtre, compact en gros bancs. . . .	12	»
9. Calcaire blanc, fragmenté avec débris de *Diceras* et de Polypiers.	4	»
10. Alternance de marnes bleues à *Pseudocidaris Thurmanii*, *Pteroceras Oceani*, *Trichites Saussurei*, *Pholadomya Protei* et de calcaire oolithique ou semi-oolithique avec Polypiers et Nérinées. .	18	»
11. Calcaire blanc fragmenté, parfois oolithique avec quelques rares Polypiers et Térébratules indéterminables.	28	»
12. Calcaire compact blanc en bancs minces et sans fossiles. .	32	»
13. Zone à *Cidaris florigemma* plus ou moins masquée par des éboulis.	29	»
Total.	202 m.	

On ne trouve pas ici de fossiles accusant le Portlandien et l'Astartien; mais le Virgulien est bien reconnaissable aux marnes à grains rouges et bleuâtres, à *Ostrea Virgula*, nº 5 de la coupe.

Le Ptérocérien se reconnaît aussi aux alternances de calcaires et de marnes bleues à *Pteroceras Oceani*, nº 10; et le Rauracien aux formations à *Cidaris florigemma*, nº 13.

On trouve des enclaves oolithiques :

Une première fois, au nº 6, avec la *Terebratula subsella*, au-dessous des marnes Virguliennes.

Une seconde fois, au nº 10, où elles alternent avec des marnes Ptérocériennes et renferment des Polypiers.

Une troisième fois, au nº 11, où elles se mêlent de calcaires compacts et présentent aussi quelques Coraux.

Toutes sont fort réduites, *sauf* cette *dernière*, qui se place vers le niveau de l'Astartien.

Coupe de Foncine-le-Bas.

Cette coupe suit, à 5 kilomètres au sud-ouest de la précédente, la route qui descend de Foncine-le-Bas vers les Planches et Syam. C'est là que M. Bertrand a déjà signalé l'existence de l'*Ostrea virgula* et des marnes à *Ptérocères*. Les parties supérieures en sont bien visibles, mais les parties inférieures sont trop masquées par la végétation pour qu'il soit possible d'en donner le détail.

Voici la succession que j'y ai constatée à partir du Purbeckien sur lequel le village de Foncine est bâti :

1. Alternance de dolomie et de calcaire blanc plus ou moins fragmenté et parfois oolithique avec moules de *Cyrena rugosa*. .	25 m.	»
2. Calcaire compact en bancs épais à *Cyrena rugosa*, *Cyprina Brongniarti* et traces de *Cardium*.	12	»
3. Alternance de dolomie et de calcaire compact, jaunâtre, tantôt percé de trous dus à l'usure des moules de Nérinées, tantôt couvert d'arborescences tortueuses.	9	»
4. Dolomie grisâtre légèrement marneuse avec un petit niveau de marnes non fossilifères à sa partie inférieure. . . .	3	»
5. Calcaire blanc fragmenté à texture assez compacte à la base et au sommet, mais oolithique au milieu.	8	»
6. Dolomie grisâtre.	6	»
7. Marnes bleuâtres à *Ostrea virgula* avec bancs calcaires intercalés.	4	50
8. Calcaire gris blanc, peu fossilifère, en gros bancs légèrement marneux vers le dessus, mais à texture serrée vers la base. .	22	»

9. Calcaire blanc fragmenté, oolithique par places. . . . 6 m. »
10. Interruption due à la végétation. . . . . . . 12 »
11. Calcaire compact gris jaune fragmenté, sans fossiles. . . 4 »
12. Marno-calcaires bleus avec *Pteroceras Oceani*, *Trichites Saussurei* et traces de Polypiers. 0 20
13. Calcaire compact blanchâtre à gros bancs sans fossiles. . . 15 »
14. Calcaire fragmenté passant par place à la texture oolithique, avec Polypiers et *Diceras*. . . . . 9 »
15. Calcaire compact gris jaune avec petits lits marneux à *Ceromya excentrica*. . . . . 19 »
16. Interruption. . . . . 11 »
17. Marnes jaunâtres avec *Ceromya excentrica*, *Pholadomya Protei* et *Waldheimia humeralis*. . . . . 9 »
18. Alternance de calcaire compact plus ou moins oolithique, avec petits lits marneux. . . . . de 70 à 80 »

Total. . . . . 244 ou 254 m.

Ici nous retrouvons le Portlandien dans la zone à *Cyprina Brongniarti* (n° 2).

Le Virgulien, dans les marnes bleuâtres, à *Exogyra Virgula*, n° 7.

Le Ptérocérien, dans les marno-calcaires à *Pteroceras Oceani*, et probablement l'Astartien supérieur dans les marnes à *Ceromya excentrica* et *Valdheimia humeralis*.

Dès lors, les enclaves coralligènes s'y succèdent comme il suit :

Une première au-dessous de l'*Ostrea Virgula* (n° 10 de la coupe).

Une seconde dans l'intervalle des marnes à Ptérocères (n° 14).

Un certain nombre dans les 70 ou 80 mètres de la base.

Il y a de plus des Polypiers épars dans les marno-calcaires du Ptérocérien, n° 12.

Coupe de Ménétrux.

Cette coupe suit très exactement le chemin qui va de la Fromagerie, où le Néocomien se présente surmontant les marnes nacrées du Purbeckien, au val de Chambly, en passant par le village de Ménétrux.

A partir des assises n° 7, elle rappelle assez bien celle qui a été donnée autrefois par M. Bertrand.

Voici la série des assises en commençant par les plus élevées :

1. Alternance de dolomie blanchâtre et de calcaire compact. . 18 m. »
2. Alternance de calcaire blanc et de calcaire gris bréchiforme

avec *Cyprina Brongniarti*, *Thracia Tombecki*, *Cyprina birostrata*, *Natica Ancervillensis* . . . . 14 m. »

3. Dolomie grise. . . . . 2 »
4. Calcaire jaunâtre plus ou moins bréchiforme, avec intercalation de bancs de Nérinées vers le milieu, et de marno-calcaire à *Cyprina* au sommet. . . . . 9 »
5. Marnes jaunâtres avec bivalves indéterminables surmontées d'un banc de dolomie grisâtre. . . . . . . 5 »
6. Alternance de dolomie et de calcaire, partie compact et partie fragmenté. . . . . 30 »
7. Marnes jaunâtres à *Exogyra virgula*. 0 80
8. Calcaire compact sans fossiles. . . . . . . 2 »
9. Calcaire jaune avec Nérinées, devenant bréchiforme à la base. . 4 »
10. Calcaire oolithique marneux, avec *Pholadomya Protei*, *Ceromya excentrica* et *Terebratula subsella* . . . . . . 7 »
11. Calcaire compact bleuâtre au sommet et blanchâtre à la base. . 11 »
12. Marnes grumeleuses avec *Pholadomya Protei*, *Pteroceras Oceani*, *Ceromya excentrica*. . . . . 1 »
13. Calcaire grisâtre, compact au sommet, devenant marneux au milieu et oolithique à la base. . . . . . . 9 »
14. Calcaire compact blanc avec perforations dues à des Nérinées . 5 »
15. Calcaire oolithique blanc plus ou moins crayeux. — Polypiers. 5 40
16. Calcaire dolomitique et dolomie grenue . . . . 4 »
17. Calcaire blanc avec intercalation de dolomies en plaquettes. . 8 »
18. Calcaires et marnes grisâtres avec *Ceromya excentrica*, *Thracia incerta*, *Pteroceras Oceani*, *Isocardia cornuta*, *Natica Royeri*, etc. . 4 »
19. Calcaire blanc crayeux devenant oolithique, avec nombreux Polypiers. 7 50
20. Marno-calcaire en plaquettes avec *Isocardia cornuta*, *Arca texta*, *Avicula Gesneri*, *Ceromya excentrica*. 4 20
21. Alternance de calcaire blanc à Nérinées et de dolomie grisâtre. 6 »
22. Calcaire marneux avec *Hinnites inæquistriatus*, *Waldheimia humeralis* 6 50
23. Calcaire compact peu fossilifère, bleuâtre au sommet et devenant blanc à la base. . . . . 6 »
24. Calcaire marneux avec *Perna* au sommet, Ptérocères et Céromyes à la base. . . . . 7 »
25. Calcaire oolithique blanc, plus ou moins masqué, avec intercalation d'un banc de calcaire en plaquettes. . . . . 20 »
26. Calcaire blanc à grosses oolithes roulées. Polypiers. . . 5 »
27. Calcaire avec baguettes de *Cidaris florigemma*. . . . 12 »
28. Oolithes roulées à zones concentriques. 1 80
29. Calcaire marneux, bleuâtre, avec grande abondance de Rynchonelles et *Waldheimia humeralis*. . . . . . . 10 »
30. Calcaire marneux jaunâtre, avec Polypiers au sommet. . 37 »

Total. . . . . 272 m. 20

Ici encore le Portlandien s'accuse par les assises à *Cyprina Brongniarti* (n° 2 de la coupe).

Le Virgulien, par les marnes jaunâtres à *Ostrea virgula* (n° 7 de la coupe).

Le Ptérocérien, par les couches à *Pterocerus Oceani, Pholadomya Protei, Ceromya,* etc. (nos 10, 12 et 18 de la coupe).

L'on a de plus de bons représentants des couches astartiennes dans les assises à *Waldheimia humeralis* (nos 20 et 22 de la coupe).

Quand on y recherche les enclaves oolithiques, on voit qu'il ne s'en rencontre pas au-dessus du Virgulien, ou à son niveau.

On en trouve dans le Ptérocérien, aux nos 13, 15 et 19, dont la dernière est assez riche en Polypiers.

Au-dessous vient encore une grande masse d'oolithes blanches plus ou moins coralligènes (n° 26), qui peut être rangée dans l'Astartien.

Il y a de plus quelques Polypiers, vers la base de la série.

Les enclaves oolithiques du Ptérocérien ont toujours une faible épaisseur. Celles de l'Astartien sont sensiblement plus puissantes qu'à Pont-de-Laime et à Foncine.

Coupe du moulin du Saut-Girard à Saugeot.

Cette coupe part des escarpements du Saut-Girard et descend au village de Saugeot, tantôt suivant le chemin, tantôt à travers les pâturages où les couches sont souvent plus facilement observables que près du chemin.

J'y ai constaté la succession suivante à partir du Néocomien :

1. Alternance de dolomies marneuses blanches ou parfois tachetées de rouge et de calcaire compact à *Cyprina Brongniarti*, *Natica ancervillensis*.	24 m.	»
2. Calcaire compact sans fossiles.	3	»
3. Dolomie marneuse	6	»
4. Calcaire blanc compact, avec perforations, dues à des Nérinées.	8	»
5. Calcaire gris grumeleux et dolomitique	12	»
6. Marno-calcaire feuilleté avec bivalves indéterminables. .	1	50
7. Calcaire blanc oolithique ou subcrayeux peu fossilifère. .	8	»
8. Marno-calcaire gris à gros Ptérocères et à débris de bivalves. .	12	»
9. Calcaire blanc parfois oolithique avec Nérinées, rares moules de *Diceras* et dolomie intercalée.	20	»
10. Calcaire compact à Nérinées formant corniche. . . .	2	»

11. Alternance de calcaire gris compact et de calcaire oolithique avec *Fimbria subclathrata*, *Trichites Saussurei*, *Ceromya excentrica*, *Pteroceras Oceani*. . . . . 30 m. »
12. Calcaire oolithique blanc avec *Diceras*, Nérinées, *Natica hemisphœrica*, *Rhynchonella pinguis*. Quelques Polypiers. . . 18 »
13. Calcaire compact sans fossiles. . . . . . . 17 »
14. Alternance de calcaire et de marnes à *Waldheimia humeralis*. . 35 »
15. Alternance de calcaire grisâtre et de marnes concrétionnées, avec *Hemicidaris crenularis*, *Glypticus hieroglyphicus*, *Cidaris florigemma*, *Pecten octocostatus*. . . . . . . 31 »

Total. . . . 227 m. 50

En examinant cette coupe, on y retrouve encore :

Le Portlandien, dans les assises n° 1, à *Cyprina Brongniarti*.

Le Ptérocérien, dans les assises à *Pteroceras Oceani*, etc. (n° 11 de la coupe).

L'Astartien, dans les calcaires et les marnes, à *Valdheimia humeralis*, etc. Mais je n'y ai pas encore rencontré l'*Ostrea Virgula*, dont la place doit être sans doute vers les marno-calcaires à gros Ptérocères (n° 8 de la coupe).

Quoi qu'il en soit toutefois de ce point, la coupe montre :

1° Une première enclave oolithique au-dessus de ces dernières marnes (n° 7 de la coupe).

2° Une seconde avec Nérinées, au-dessous des gros Ptérocères (n° 9 de la coupe).

3° Plusieurs petites enclaves dans les calcaires, à *Pteroceras Oceani* (n° 11).

4° Une enclave assez épaisse avec *Diceras* et Nérinées, près des marnes, à Waldheimies (n° 12).

C'est encore cette dernière qui est la plus puissante, toutes les autres ne présentent toujours qu'un faible développement.

Coupe d'Étival.

Cette coupe suit un ancien chemin qui se dirige d'Étival au cirque de Giron, dans la direction de Meussia. Une rectification récente du chemin et des observations faites çà et là de chaque côté de cette nouvelle route m'ont permis d'y constater la succession suivante :

1. Alternance de dolomie marneuse ou en plaquettes et de calcaire compact plus ou moins percé de Nérinées avec débris de *Cardium* et autres bivalves indéterminables. . . . . 25 à 30 m. »

2. Marnes jaunes avec *Ostrea Spiralis* et *Virgula*. . . . 1 m. »
3. Calcaire compact blanc, sans fossiles, fragmenté à la base. . 8 »
4. Marno-calcaire jaune limoniteux avec traces indéterminables de bivalves. . . . . 1 »
5. Calcaire blanc, fragmenté, à texture plus ou moins cristalline, avec surface de glissement. . . . . 15 »
6. Marno-calcaire grumeleux, jaunâtre ou bleu, avec *Pterocerus Oceani, Thracia incerta, Ceromya excentrica, Pholadomya Protei*. . 6 »
7. Calcaire blanc à texture suboolithique ou cristalline avec nombreux tets de *Diceras* et de Nérinées engagées dans la pâte. . 8 »
8. Calcaire saccharoïde blanc plus ou moins fragmenté avec rares moules de *Diceras* et traces de Polypiers. . . . . 18 »
9. Calcaire blanc à grosses oolithes avec *Waldheimia humeralis, Rhynchonella pinguis, Natica hemispherica*, tets indéterminables de bivalves et fragments de Polypiers. . . . . 33 »
10. Marno-calcaire jaune à *Cidaris florigemma*. . . . 2 »
11. Calcaire bleu à grosses oolithes irrégulières, peu fossilifère, avec intercalation d'une faible couche jaune marneuse à *Pecten octocostatus, Waldheimia Mœschi. Cidaris florigemma*. . . 12 »
12. Marnes grumeleuses jaunes à *Waldheimia Mœschi*. . . 8 »
13. Éboulis dus aux marnes oxfordiennes. . . . .

Total. . . . 137 à 142 m.

Dans cet ensemble :

Le numéro 2, avec sa structure marneuse et la présence des *Ostrea Virgula* et *Spiralis*, indique le Virgulien.

Le numéro 6 est franchement Ptérocérien.

Le numéro 9 ne peut être qu'Astartien.

Les numéros 10, 11 et 12 sont Rauraciens.

On voit en conséquence des enclaves coralligènes, à la base du Ptérocérien marneux, n° 7 et 8 ;

Dans l'Astartien, n° 9.

Ce sont encore les enclaves de l'Astartien qui sont le plus développées. Elles forment même une belle lentille du côté de Meussia, mais celles du Ptérocérien acquièrent une épaisseur plus sérieuse que précédemment.

Coupe des Crozets.

Cette coupe se dirige des Crozets vers la ferme de la Chèvrerie, suivant un chemin récemment ouvert dans les assises supérieures au Ptérocérien.

On y observe la succession suivante à partir du Purbeckien, visible près des maisons des Crozets.

1. Alternance de calcaire compact lithographique et de marnes dolomitiques jaunâtres et résistantes, ou blanchâtres et facilement désagrégeables.	15 m.	»
2. Calcaire compact rosé sans fossile	5	»
3. Marno-calcaire à *Cyprina Brongniarti*	0	30
4. Calcaire compact blanchâtre parfois gris ou tacheté avec traces d'arborescences tortueuses et moules de Nérinées. .	4	»
5. Calcaire dolomitique	2	»
6. Calcaire compact avec petits lits marneux à *Ostrea* . .	4	»
7. Calcaire blanc fragmenté et subcrayeux	2	»
8. Marnes feuilletées et marno-calcaire avec empreintes végétales indéterminables	3	»
9. Alternance de calcaire compact blanc et de calcaire grumeleux jaunâtre avec intercalation de dolomie. Empreintes végétales rares.	15	»
10. Calcaire blanchâtre légèrement oolithique avec *Diceras Münsterii*.	2	»
11. Interruption . . . . de 3 à	4	»
12. Marnes jaunes sans fossiles.	2	»
13. Calcaire compact, rosé vers le haut, mais devenant blanchâtre à la base.	11	»
14. Marno-calcaire à *Pteroceras Oceani*, *Thracia incerta* . .	0	80
15. Calcaire blanc fragmenté et subcrayeux avec *Diceras* Nérinées et intercalation de couches de calcaire plus compact de même couleur	14	»
16. Alternance de marnes jaunâtres ou bleues, en bancs minces, et de calcaire bleuâtre avec *Pteroceras Oceani*, *Ceromya excentrica*, *Ostrea solitaria*.	6	»
Total. . . .	89 m.	»

On retrouve dans cette coupe aux assises à *Cyprina Brongniarti*, l'équivalent du Portlandien, resté indéterminé à Étival.

Par contre, le Virgulien ne se devine qu'à un niveau marneux à débris d'*Ostrea* (assises n° 4).

Quant au Ptérocérien, il est bien nettement indiqué par les marno-calcaires, n° 14 et 16, à *Pteroceras Oceani*.

La coupe ne descend pas jusqu'à l'Astartien.

Les enclaves oolithiques coralligènes se distribuent dès lors comme il suit :

Une première immédiatement au-dessous des marnes à *Ostrea*: c'est le calcaire blanc, fragmenté et subcrayeux, n° 7 de la coupe.

Une seconde avec *Diceras* au-dessus des premiers Ptérocères (au n° 10.)

Une troisième (n° 15), entre ces premiers Ptérocères et ceux du n° 16.

Coupe de Saint-Pierre-en-Grand-Vaux.

Cette coupe va directement du village de Saint-Pierre aux abrupts qui dominent, au couchant, la Combe de Chaux du Dombief. Elle suit assez exactement le sentier que l'on prend pour aller d'un village à l'autre, lorsqu'on veut abréger les contours de la route.

De Saint-Pierre où le Néocomien affleure, on y observe la succession suivante :

1. Dolomie marneuse passant au calcaire lithographique . .	12 m.	»
2. Calcaire blanc fragmenté	6	»
3. Calcaire marneux avec *Cyrena rugosa*, *Trigonia Matronensis*, *Natica Marcousana*	1	»
4. Calcaire fragmenté blanc, avec intercalation de dolomie. .	15	»
5. Calcaire marneux à *Fimbria subclathrata*. . . .	1	50
6. Alternance de calcaire blanc et de dolomie jaunâtre . .	13	»
7. Calcaire oolithique blanc	7	80
8. Calcaire jaune compact, avec bancs couverts de perforations .	17	»
9. Calcaire oolithique blanc. Quelques Polypiers. . . .	3	»
10. Calcaire marneux, à *Pholadomya Protei*, *Pteroceras Oceani* .	2	80
11. Calcaire compact blanc	6	»
12. Calcaire fragmenté crayeux et oolithique par place . .	13	»
13. Marnes ptérocériennes avec *Pteroceras Oceani*, *Ceromya excentrica*, *Isocardia striata*, *Pecten nisus*.	4	»
14. Calcaire oolithique blanc avec *Diceras* et Polypiers . .	8	»
15. Calcaire marneux à *Ceromya*, *Valdheimia humeralis* . .	6	50
16. Calcaire grisâtre se délitant à l'air	24	»
17. Oolithe blanche.	18	»
18. Calcaire grumeleux à *Hemicidaris crenularis* et *Lima Halleyana*	6	»
19. Alternance de calcaire grumeleux et de marnes feuilletées .	25	»
Total.	189 m.	60

On retrouve encore ici le Portlandien dans les calcaires marneux à *Cyprina Brongniarti*, n° 3 ;

Le Ptérocérien, dans les calcaires marneux et les marnes à *Pteroceras Oceani*, n° 10 et 13 ;

L'Astartien, dans les calcaires marneux à *Ceromya* et à *Valdheimia humeralis*, n° 15 ;

Le Rauracien, dans les calcaires grumeleux à *Hemicidaris crenularis*.

Si le Virgulien n'est pas nettement accusé, il semble que l'on peut rapporter à ce niveau les calcaires marneux à *Fimbria subclathrata*, et cela d'autant plus qu'à Chaux-des-Prés, la *Fimbria subclathrata* se trouve accompagnée de fossiles virguliens, comme nous le verrons.

Quoi qu'il en soit, l'on remarque :

Une première enclave oolithique au-dessous de ces calcaires marneux à *Fimbria*, n° 7 de la coupe.

Une seconde immédiatement au-dessus du niveau Ptérocérien supérieur, n° 9 de la coupe.

Une troisième au n° 12, immédiatement au-dessus du second niveau Ptérocérien.

Une quatrième entre ce niveau et le calcaire marneux à *Ceromya*, au n° 14 de la coupe.

Une cinquième enfin au-dessus des assises grumeleuses à *Hemicidaris crenularis*.

On peut remarquer ici, comme à Étival, que les enclaves oolithiques du Ptérocérien tendent à prendre un développement de plus en plus marqué.

Coupe de Chaux-des-Prés.

Cette coupe suit le chemin qui rattache Chaux-des-Prés à Prénovel, à travers la gorge du Moulin Jean. Elle va du premier de ces deux villages où affleure le Néocomien, aux maisons de Sur-l'Arête, où l'Oxfordien est parfaitement visible.

La succession des formations y est la suivante :

1. Dolomie blanche	12 m.	»
2. Calcaire à Nérinées, avec enclave de dolomie en plaquettes. .	5	»
3. Calcaire jaune grenu sans fossiles, se délitant en plaquettes à la base	14	»
4. Calcaire marneux jaunâtre, à *Cyprina Brongniarti*, *Thracia Tombecki* et *Terebratula subsella*	4	50
5. Calcaire compact, pétri de Nérinées à la partie supérieure et fragmenté à la base	14	»
6. Alternance de calcaire compact à Nérinées et de dolomie jaunâtre	21	»
7. Calcaire oolithique blanc, surmonté d'une couche marneuse à *Fimbria subclathrata*, *Arca texta*, *Hemicidaris Purbeckiensis*, *Ostrea virgula*.	6	»

8.	Calcaire compact blanc	5 m. »
9.	Calcaire oolithique corallien ; quelques Polypiers . .	8 »
10.	Calcaire compact bleu en bancs épais.	7 »
11.	Marnes à *Ceromya excentrica* et *Thracia incerta*, *Pteroceras Oceani*	1 »
12.	Calcaire blanchâtre oolithique à Nérinées et *Diceras*, avec intercalation de dolomie et de calcaire compact	11 »
13.	Marnes grumeleuses à *Pholadomya Protei*, *Ceromya excentrica*, *Pteroceras Oceani*, *Thracia incerta*	11 »
14.	Calcaire compact, sans fossiles.	2 »
15.	Calcaire oolithique à *Diceras*, devenant crayeux à la base .	15 »
16.	Calcaire compact blanc	12 »
17.	Oolithe blanche avec intercalation de calcaire dolomitique. .	33 »
18.	Marnes grisâtres à *Cidaris florigemma*, et débris indéterminables de *Pecten*.	6 »
19.	Alternance de calcaire et de marnes feuilletées	24 »
	Total. . . .	210 m. »

Il convient ici de rapporter au Portlandien les assises n° 4 à *Cyprina Brongniarti;*

Au Virgulien, les couches marneuses à *Ostrea Virgula*, n° 7 ;

Au Ptérocérien, les marnes à *Pteroceras Oceani*, *Ceromya*, etc., n° 11 et 13;

Au Rauracien, les marnes grisâtres à *Cidaris florigemma*, n° 19.

L'Astartien se placerait alors dans l'intervalle de ce niveau au niveau n° 13.

Les enclaves oolithiques se succéderaient alors comme il suit :

Une première, au-dessous des marnes Virguliennes, au n° 7 de la coupe.

Une seconde au n° 9, entre ces marnes et le niveau Ptérocérien supérieur.

Une troisième au n° 12, entre les deux niveaux fossilifères Ptérocériens.

Une quatrième fort développée avec *Diceras* au n° 15, qui vient presque immédiatement au-dessous.

Une cinquième enfin aux assises n° 17, qui surmontent les assises Rauraciennes à *Cidaris florigemma*.

Je dois dire que ce n'est que depuis peu de temps que j'ai pu y découvrir l'*Ostrea Virgula*. J'y suis arrivé grâce à une petite tranchée récemment ouverte pour aller de Chaux-des-Prés au Moulin Jean.

Coupe de la Landoz.

Cette coupe suit très exactement le chemin qui va de la Landoz aux Piards, et qui coupe obliquement toutes les assises Jurassiques supérieures, depuis les dolomies portlandiennes jusqu'à l'Oxfordien, observable dans la vallée de Prénovel. Le Néocomien n'affleure pas sur la route, mais il s'aperçoit à quelques mètres de là dans les clôtures des champs cultivés.

Voici la succession des assises à partir de cette dernière formation :

1. Dolomie blanche et marneuse, passant à la base au calcaire lithographique, avec intercalation d'une couche de calcaire compact	10 m.	»
2. Calcaire compact, bleuâtre au sommet, jaune et feuilleté à la base	8	»
3. Calcaire grumeleux, grisâtre, avec *Natica Cireyensis, Cyprina Brongniarti, Cyrena rugosa*	4	50
4. Dolomie jaune.	2	»
5. Calcaire blanc.	10	70
6. Dolomie saccharoïde grisâtre	5	»
7. Alternance de calcaire compact blanc et de dolomie . .	11	»
8. Calcaire oolithique divisé en deux par l'interposition d'un banc de calcaire jaune subcompact, et d'un banc de marnes jaunâtres, avec *Fimbria subclathrata, Ostrea spiralis* et *Ostrea virgula* .	10	30
9. Calcaire marneux, grisâtre, avec *Ostrea spiralis*	2	»
10. Calcaire compact blanc avec Polypiers et *Diceras Münsterii* .	10	»
11. Calcaire oolithique avec Nérinées	7	50
12. Calcaire compact jaunâtre, présentant à deux mètres de sa hauteur un petit banc d'oolithes	9	»
13. Marnes ptérocériennes, avec intercalation d'une couche de calcaire blanc à Polypiers, avec *Pteroceras Oceani, Thracia incerta, Pholadomya Protei, Terebratula subsella, Cidaris glandifera* .	8	»
14. Calcaire blanc subcompact	10	»
15. Calcaire oolithique avec *Natica hemispherica*, rares Nérinées et *Diceras*.	14	»
16. Calcaire compact gris.	10	»
17. Oolithe blanche débutant par un calcaire dolomitique, avec enclaves de calcaire compact	30	»
18. Marnes grisâtres et calcaire grenu à grains rouges avec *Hemicidaris crenularis, Lima Halleyana*, etc.	12	»
19. Alternances de marnes et de calcaire (Oxfordien). . . .	13	»
Total. . . .	187 m.	»

Dans cet ensemble :

Le Portlandien se reconnaît aux calcaires grumeleux à *Cyprina Brongniarti*, n° 3 de la coupe ;

Le Virgulien, aux marnes jaunâtres à *Exogyra Virgula*, n° 8 ;

Le Ptérocérien, aux marnes à Ptérocères, n° 13 ;

L'Astartien, aux calcaires à *Natica hemispherica*, n° 15 ;

Le Rauracien, aux calcaires marneux à *Hemicidaris crenularis*, n° 18.

Les oolithes s'y disposent en conséquence comme il suit :

Une première enclave, dans le Virgulien, n° 8 de la coupe ;

Une deuxième, entre ce niveau et le Ptérocérien, n° 11 ;

Une troisième au n° 15, un peu au-dessus du Ptérocérien ;

Une quatrième au n° 17, immédiatement au-dessous de la zone à *Hemicidaris crenularis*.

Il y a de plus deux horizons de calcaire compact à Polypiers, l'un au-dessus des marnes à Ptérocères, l'autre au-dessous.

L'*Ostrea Virgula*, que j'ai eu de la peine à trouver ici, se rencontre dans un petit banc récemment exploité à quelques pas du chemin, près des champs cultivés qui bordent la forêt.

On peut remarquer ici combien le Ptérocérien marneux se réduit encore pour faire place au facies coralligène oolithique. On peut constater aussi la persistance du petit niveau oolithique coralligène que nous observons depuis quelque temps dans le Virgulien.

Coupe de Leschères.

Cette coupe est probablement celle que citent MM. Choffat et Dieulafait, dans leurs Mémoires sur le Corallien du Jura. Elle va de la ferme de Montenet, où affleure le Crétacé inférieur, au ravin d'Encrozet, constitué par les marnes oxfordiennes et qui fait suite à la grande Combe des Piards et de Prénovel.

Ici, le Purbeckien fait défaut, et l'on trouve, à partir des formations marines du Néocomien :

1. Dolomie blanche et marneuse en haut, passant en bas au calcaire lithographique, avec interposition de calcaire compact. .	12 m.	»
2. Calcaire jaunâtre, tantôt grumeleux, tantôt compact, avec *Cyrena rugosa*, *Thracia Tombecki*, et débris de *Lucina*. . .	18	»
3. Calcaire compact en bancs épais, avec intercalation de bancs de dolomie en plaquettes.	27	50

4. Calcaire marneux, grisâtre, très délitable au sommet, avec *Fimbria subclathrata* et *Terebratula subsella*.	9 m.	»
5. Calcaire blanchâtre sans fossiles	3	»
6. Marno-calcaire à pâte bleue, avec oolithes rougeâtres et fossiles nombreux, *Pteroceras Oceani, Thracia incerta*, etc. . .	5	80
7. Calcaire oolithique blanc avec Diceras et Nérinées. . .	3	»
8. Calcaire compact avec intercalation de deux minces couches de dolomie marneuse, *Ceromya excentrica, Pteroceras Oceani*. .	7	»
9. Calcaire compact et grisâtre.	4	»
10. Oolithe blanche devenant plus compacte à la base, avec Nérinées.	7	»
11. Calcaire compact gris, avec intercalation de calcaire lithographique feuilleté.	22	»
12. Calcaire blanc très oolithique au sommet, et devenant plus compact à la base.	40	50
13. Calcaire marneux, grisâtre, avec *Lima Halleyana, Pecten octoplicatus, Cidaris florigemma*.	2	»
14. Alternances de marnes et de calcaire feuilleté . . .	25	»
Total. . . .	185 m.	80

Dans cette coupe :

Le Portlandien se reconnaît encore aux calcaires à *Cyrena rugosa*, nº 2 de la coupe;

Le Ptérocérien, aux marno-calcaires à Ptérocères, à *Thracia* et à *Ceromya*, nº 6 et 8;

Le Rauracien, aux marno-calcaires à *Lima Halleyana* et *Cidaris florigemma*.

Si l'*Ostrea virgula* n'y a pas été rencontrée et si les types connus de l'Astartien paraissent y faire défaut, on peut cependant retrouver le premier de ces étages à peu près dans les marnes grisâtres à *Fimbria subclathrata*, qui se montrent au même niveau que les marnes à *Ostrea virgula* de la Landoz et qui en rappellent beaucoup les caractères, et le second dans les calcaires oolithiques blancs, qui, par leur position et leur caractère, rappellent ceux de l'Astartien de cette dernière localité.

On aurait dès lors :

Un premier niveau oolithique coralligène dans les assises à Ptérocères;

Un second, au-dessous de ces assises;

Un troisième, au-dessus du Rauracien ou dans l'Astartien.

L'enclave du Virgulien n'existerait pas ou ne ferait du moins que s'annoncer dans les calcaires blanchâtres, nº 5 de la coupe.

Remarques générales et conclusions.

Nous pouvons conclure de cette première série de coupes que les formations coralligènes, encore faiblement développées et presque exclusivement parquées dans le Rauracien, vers le nord-ouest de la région, s'accroissent et s'élèvent de niveau à mesure que l'on s'avance vers le sud-est. Dans le voisinage de Champagnole, en effet, elles ne paraissent pas dépasser l'Astartien. A Pont-de-Laime, à Foncine-le-Haut et à Foncine-le-Bas, elles gagnent le Ptérocérien et même le Virgulien, mais elles n'y sont qu'à peine accusées. A Ménétrux, à Saut-Girard et à Étival, on voit se renfler sensiblement celles qui se trouvent engagées dans les assises à faune astartienne. Plus à l'est, vers Saint-Pierre, Chaux-des-Prés, la Landoz, les Crozets et Leschères, c'est le tour de celles qui sont comprises dans les marnes à Ptérocères. Pendant ce temps-là, celles du Virgulien s'accusent de plus en plus, tandis que celles du Rauracien tendent à s'effacer, si bien qu'on arrive avec la seconde série de coupes à une région où l'on a :

Du Rauracien faiblement oolithique,

De l'Astartien avec de belles enclaves coralligènes,

Du Ptérocérien avec des enclaves coralligènes, encore en voie d'accroissement,

Du Virgulien où les oolithes se développent assez pour annoncer un niveau coralligène important.

Nous allons voir, par la seconde série de coupes, comment ce dernier niveau se développe et comment se comportent les autres enclaves coralligènes.

Deuxième série de coupes.

Les coupes de la seconde série sont celles de Château-des-Prés, du bois des Frasses ou des Écollets, de la Rixouse, de Sur-les-Roz, de la Côte-de-Valfin, de Valfin, de Cinquétral, de Saint-Joseph, du Plan-d'Acier, de Viry, d'Oyonnax, de Montépile, de Désertin, des

Bouchoux, de Charix, d'Échallon et de Champformier. Nous allons les passer en revue comme les précédentes et les faire suivre aussi chacune d'une courte explication.

Coupe de Château-des-Prés.

J'ai relevé deux coupes à Château-des-Prés, l'une sur l'ancienne route de la Pontoise, entre ce dernier village et celui de la Rixouse, l'autre du côté du lac de l'Abbaye, où les couches sont renversées et plongent vers le lac. Comme la première ne serait que la répétition de celle qu'a donnée M. Bertrand, je me contenterai de communiquer la seconde.

La figure ci-jointe montre, du reste, assez visiblement comment la partie gauche que nous examinons se rattache à la partie droite qui descend vers le lit de la Bienne. Elle nous montre aussi grossièrement par du pointillé comment les facies oolithiques s'y distribuent. Plus en détail, elle présente la succession que voici :

1. Alternance de dolomie jaunâtre et de calcaire compact blanc. .	18 m.	»
2. Calcaire compact à *Cyrena rugosa*.	17	»
3. Calcaire grumeleux avec *Cyprina Brongniarti* et *Thracia Tombecki*.	2	»
4. Calcaire compact avec bancs de dolomie à la base. . .	16	»
5. Calcaire blanc se délitant en plaquettes . .	11	»
6. Calcaire compact gris.	5	»
7. Calcaire marneux, grisâtre, à taches rouges avec *Arca texta, Ostrea spiralis* et rares débris d'*Ostrea virgula?* . . .	1	»
8. Calcaire oolithique blanc, avec Polypiers et petites Térébratules, voisines de la *subsella*.	4	»
9. Calcaire compact devenant dolomitique au sommet. . .	15	»
10. Calcaire oolithique avec Diceras et Nérinées. . . .	6	50
11. Alternance de calcaire et de dolomie compacte . . .	5	80
12. Calcaire marneux à *Pholadomya Protei, Ceromya excentrica, Pterocera Oceani*.	18	»
13. Calcaire à Nérinées, crayeux au sommet, mais compact et gris à la base	16	»
14. Oolithe à Polypiers	6	»
15. Alternance de calcaire compact et de dolomie . . .	22	»
16. Calcaire oolithique blanc à grosses oolithes et Polypiers par place.	29	»
17. Calcaire compact dolomitique au sommet. . . .	3	»
18. Calcaire marneux, grisâtre, à *Cidaris florigemma*. . .	1	50

Fig. 6.

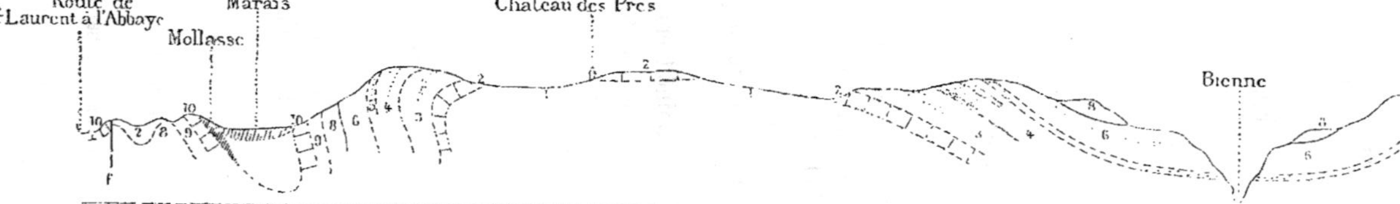

Coupe du Jurassique supérieur de la Combe du Grandvaux à la vallée de la Bienne.

F. Faille.
1. Oxfordien.
2. Rauracien.
3. Astartien.
4. Ptérocérien.
5. Virgulien.
6. Portlandien.
7. Purbeckien.
8. Valanginien.
9. Hautérivien.
10. Urgonien.
11. Mollasse.

Échelle des longueurs $\frac{1}{40,000}$

Échelle des hauteurs $\frac{1}{20,000}$

19. Calcaire grisâtre à grosses oolithes.	13 m.	»
20. Alternance de calcaire et de marnes feuilletées. . . .	12	»
21. Oxfordien.		
Total. . . .	220 m.	80

Cette coupe nous montre :

Le Portlandien, dans les assises à *Cyrena* et à *Cyprina* (n° 2 et n° 3);

Le Virgulien, dans les marno-calcaires à taches rouges, à *Ostrea Spiralis* et *Virgula;*

Le Ptérocérien, dans les calcaires marneux à Ptérocères (n° 12);

Le Rauracien, dans les marno-calcaires grisâtres, à *Cidaris florigemma* (n° 18).

Seul, l'Astartien n'est pas reconnaissable à sa faune; mais si l'on songe qu'un peu plus loin, sur le nouveau chemin de la Pontoise, il se montre oolithique et bien reconnaissable, ainsi que l'a constaté M. Bertrand, il n'y aura pas de témérité à lui rapporter les calcaires oolithiques blancs, n° 16 de la coupe.

Il résulte de là que cet étage est principalement oolithique à Château-des-Prés;

Que le Ptérocérien marneux s'amincit encore pour faire place de plus en plus aux formations oolithiques coralligènes à *Diceras*, Polypiers et Nérinées;

Qu'enfin le niveau marneux inférieur du Virgulien se trouve envahi par des calcaires oolithiques.

Coupe des Frasses.

Cette coupe suit le chemin des Mouillez à Château-des-Prés et commence à très peu de distance des nouvelles carrières des Frasses ouvertes dans le Ptérocérien.

Voici quelle m'a paru y être la succession des assises :

1. Alternance de dolomie marneuse et de calcaire compact, grisâtre ou blanc, avec Nérinées vers la base.	32 m.	»
2. Marno-calcaire jaune, généralement masqué par la végétation, avec *Pinna* et débris de bivalves.	1	»
3. Calcaire jaune blanc à cassure esquilleuse. . . .	3	»
4. Marno-calcaire jaunâtre avec *Ostrea Virgula*. . . .	1	»

5. Calcaire blanchâtre à Térébratules voisines de la *Subsella*, tendant à la texture oolithique . . . . 5 m. »
6. Calcaire compact à gros bancs et renfermant çà et là des moules indéterminables de Nérinées . . . . . . 17 »
7. Interruption . . . . 6 »
8. Calcaire bleuâtre subcompact avec *Trichites Saussurei*, *Diceras Münsterii* et géodes. . . . . 12 »
9. Marno-calcaire à *Cidaris glandifera* et *Perna*. . . . 2 »
10. Alternance de calcaire blanc suboolithique et de marno-calcaire grumeleux, jaune ou bleu, avec *Cidaris glandifera*, *Pterocerus Oceani*, *Ceromya excentrica*, etc. . . . . . . 25 »
11. Alternance de calcaire compact blanc et de calcaire oolithique avec Dicéras et Polypiers. . . . . 25 »
12. Calcaire oolithique blanc, très désagrégeable, avec *Rhynchonella pinguis*, *Natica hemispherica*, *Waldheimia humeralis*. . . 8 »

Total. . . . 137 m. »

On trouve encore ici le Virgulien, bien reconnaissable à ses marnes à *Ostrea* n° 4, et le Ptérocérien aux diverses assises de calcaire et de marnes à Ptérocères et à Céromyes. Mais ces assises marneuses s'effacent de plus en plus devant les calcaires coralligènes. Leur puissance totale ne dépasse guère, en effet, 12 mètres. Les marnes virguliennes elles-mêmes ne se montrent plus qu'à un seul niveau, au-dessous duquel l'oolithe atteint 5 mètres.

Le facies de l'Astartien reste à peu près le même qu'à Château-des-Prés, mais il est bien caractérisé ici par la *Natica hemispherica*, la *Waldheimia humeralis* et la *Rhynchonella pinguis*.

Coupe de la Rixouse.

La coupe de la Rixouse commence au village de ce nom, où quelques lambeaux de Néocomien couronnent le Jurassique supérieur, et se termine à l'Oxfordien du petit hameau Sur-les-Montées, situé en amont vers le couchant.

Voici la succession que j'y ai constatée en combinant entre elles les observations que permettent les pâturages et le chemin compris entre ces deux localités :

1. Dolomie blanche, caverneuse et résistante au sommet, mais marneuse et friable à la base. . . . . . . 15 m. »

2. Calcaire compact à Nérinées et à arborescences tortueuses, avec intercalation de quelques bancs de dolomie.	17 m.	»
3. Dolomie grisâtre plus ou moins cristalline.	10	»
4. Calcaire compact.	3	»
5. Marnes grumeleuses à taches rouges avec *Ostrea spiralis*.	1	30
6. Calcaire blanc suboolithique, avec petites Térébratules, voisines de la *subsella*.	6	»
7. Alternance de calcaire compact et de dolomie, plus ou moins masquée par la végétation.	35	»
8. Calcaire oolithique avec *Diceras Münsterii* et Nérinées.	5	»
9. Calcaire compact bleuâtre sans fossile.	10	»
10. Calcaire bleuâtre, légèrement marneux, avec *Pteroceras Oceani* et *Ceromya excentrica*.	5	»
11. Calcaire oolithique avec *Diceras*, Nérinées.	18	»
12. Calcaire compact peu fossilifère.	8	»
13. Calcaire oolithique bleu désagrégeable et bancs de dolomie cristalline grisâtre, à *Terebratula Bauhini* et *Natica hemispherica*	35	»
14. Marno-calcaire grumeleux à *Cidaris florigemma*, *Pecten octocostatus*	8	»
Total.	176 m.	30

Rien ici, dans la faune, ne permet de distinguer nettement le Portlandien du Virgulien. Seulement, on ne peut s'empêcher de voir un équivalent de ce dernier étage dans les marnes grumeleuses à taches rouges, qui renferment ailleurs l'*Ostrea Virgula* et qui paraissent contenir ici seulement l'*Ostrea spiralis* (n° 5 de la coupe), et cela d'autant plus qu'à leur contact se trouvent les calcaires oolithiques à petites Térébratules, voisines de la *Terebratula subsella* que nous avons trouvées aux Frasses et au Château. L'Astartien se reconnaît à la *Terebratula Bauhini* et à la *Natica hemispherica*, et le Rauracien au *Cidaris florigemma*. Quant au Ptérocérien, son facies marneux n'offre plus que 5 mètres de puissance ; le reste est formé de calcaire coralligène oolithique ou de calcaire compact.

Coupe de Sur-les-Roz.

Cette coupe traverse les assises dont le relèvement en éventail constitue l'arête montagneuse de Sur-les-Roz, à mi-chemin entre la Landoz et Valfin. Une étude attentive m'a permis d'y constater la série suivante à partir du Néocomien, situé du côté de Leschères.

1. Dolomie marneuse ou en plaquettes, avec intercalation de calcaire compact	12 m.	»
2. Calcaire compact à *Natica Circyensis* et *Cyprina Brongniarti*. .	16	»
3. Calcaire blanc à cassure lisse sans fossile. . . .	11	»
4. Marnes dolomitiques avec dendrites.	0	80
5. Calcaire compact à *Nerinea trinodosa*	12	»
6. Marno-calcaire grumeleux, à taches rouges, avec débris de bivalves, souvent masqué par la végétation. . . .	1	05
7. Calcaire blanc subooilithique, avec Nérinées, petits Polypiers branchus et *Terebratules* voisines de la *Subsella*. . . .	8	»
8. Calcaire dolomitique jaunâtre.	2	»
9. Marnes légèrement grumeleuses, rougeâtres, avec débris d'*Ostrea*.	0	80
10. Calcaire blanc subcompact sans fossile.	15	»
11. Calcaire oolithique avec *Diceras*, Polypiers et Nérinées indéterminables.	10	»
12. Marno-calcaire jaune à *Pteroceras Oceani*, *Pholadomya Protei*, *Ceromya excentrica*, *Thracia incerta*.	2	50
13. Calcaire saccharoïde ou oolithique, blanc, avec *Diceras*, Polypiers et Nérinées, devenant surtout oolithique dans la direction de Vallin	32	»
14. Calcaire compact à gros bancs sans fossile. . . .	26	»
15. Alternance de calcaire oolithique à Polypiers et *Diceras* et de calcaire compact mêlé de bancs dolomitiques. . . .	35	»
16. Marno-calcaire grumeleux à *Cidaris florigemma*. . .	10	»
Total. . . .	111 m.	»

On reconnaît bien ici le Portlandien à sa faune à *Cyprina* et à *Nerinea trinodosa*; mais l'*Ostrea Virgula*, si caractéristique du Virgulien, paraît manquer encore. Elle n'est remplacée que par quelques débris indéterminables de bivalves engagés, comme l'*Ostrea Virgula* des coupes précédentes, dans des marno-calcaires à taches rouges. L'Astartien n'a pas non plus de faune reconnaissable; mais sa place entre les assises à Ptérocères et la zone à *Cidaris florigemma* ne saurait faire de doute. C'est à ce niveau qu'appartiennent sans contredit les alternances de calcaires oolithiques, de calcaire compact et de dolomie, qui font si bien suite à ceux que nous avons observés plus au nord-ouest. Ce qu'il y a surtout d'intéressant à noter est l'énorme réduction du facies marneux du Ptérocérien (2 mètres 50) au profit du facies coralligène oolithique. Les oolithes du Virgulien ont 2 mètres de plus qu'à la Rixouse et renferment beaucoup de petits Polypiers branchus.

Coupe de Sur-la-Côte.

Cette coupe atteint, près des maisons de Sur-la-Côte-de-Valfin, les assises jurassiques qui se prolongent en contre-bas à 2 kilomètres vers le sud-est, pour former les escarpements du ravin de Valfin, ou pour servir de fond au lit caillouteux de la Bienne.

Au point exact où elle a été prise, elle n'atteint pas le Néocomien; mais cette formation se rencontre à 300 mètres plus loin, au midi du hameau de Très-le-Mûr, et sa superposition aux couches dolomitiques surmontant les assises de Sur-la-Côte est tellement visible, qu'il est très facile de compléter la coupe en y introduisant ces quelques bancs de dolomie.

Elle présente, y compris ces bancs :

1. Dolomie blanchâtre douce et onctueuse en haut, jaunâtre et dure au milieu et divisible en bas, en plaquettes minces, passant insensiblement au calcaire lithographique	15 m.	50
2. Calcaire grumeleux blanc jaunâtre, dont les bancs de 1 à 2 mètres sont couverts de saillies tortueuses et sont exploités comme pierres de taille au bois du Jura. Ses principaux fossiles sont : *Cyprina Brongniarti*, *Cyrena rugosa*, *Terebratula subsella*. .	28	»
3. Calcaire bleuâtre à cassure esquilleuse, couvert d'une multitude d'empreintes de la *Nerinea trinodosa*.	3	»
4. Dolomie tendre et grisâtre avec nombreuses géodes de calcite hexagonale.	2	»
5. Calcaire marneux à taches rouges avec débris d'*Ostrea* et petits gastéropodes.	1	80
6. Calcaire blanchâtre, bréchiforme en haut, mais oolithique à la base, avec petites Térébratules, Polypiers, *Ptygmatis pseudo-bruntrutana*	9	»
7. Alternance de calcaire compact à taches bleues, et de calcaire bréchiforme blanchâtre.	25	»
8. Calcaire gris compact en bancs épais, sans fossiles. . .	12	»
9. Alternance de dolomie marneuse jaunâtre, et de calcaire compact.	25	»
10. Calcaire oolithique couvert de *Diceras Münsterii* et d'un grand nombre de Nérinées et ayant le facies du corallien de Valfin. .	4	50
11. Calcaire marneux, bleuâtre, légèrement fétide sous le choc et désagrégeable à l'air, avec *Pteroceras Oceani*, *Pholadomya Protei*, *Thracia incerta*, *Ceromya excentrica*, *Avicula Gessneri*. . .	2	»
12. Calcaire oolithique blanchâtre avec Nérinées, petits Gastéropodes et *Diceras Münsterii*.	26	»

13. Calcaire compact, devenant jaunâtre et lithographique à la base. . . . . 9 m. »
14. Calcaire blanc à grosses oolithes, avec intercalation de deux bancs de dolomie grisâtre, criblée de géodes. *Natica hemispherica, Diceras, Cardium corallinum.* . . . . . . 35 »
15. Calcaire grumeleux et grisâtre auquel succède une alternance de calcaire subcompact et de marnes, avec *Lima Halleyana, Pecten Vimineus, Waldheimia humeralis* et *Cidaris florigemma*, des Spongiaires et quelques nids de Polypiers. . . . . . 25 »

Total. . . . 222 m. 80

Cette coupe nous montre encore :

Le Portlandien, dans les assises n° 2 à *Cyprina;*

Le Virgulien, dans les calcaires marneux à taches rouges et à débris d'*Ostrea* (n° 5), et dans les oolithes à petites Térébratules qui se montrent au-dessous ;

Le Ptérocérien, dans les couches à Ptérocères (n° 11);

L'Astartien, dans les calcaires oolithiques à *Natica hemispherica* et *Diceras* (n° 14) ;

Le Rauracien, dans les formations à *Lyma Halleyana, Pecten*, etc. (n° 15).

Mais on voit que le Ptérocérien marneux va disparaître et que le Virgulien n'offre plus d'*Ostrea Virgula* reconnaissable; son oolithe atteint 9 mètres et présente des *Ptygmatis* associées aux petites Térébratules.

Coupe de Valfin.

La coupe de Valfin est prise au-dessous du village, en descendant vers le ravin classique.

Elle présente la succession que voici :

1. Dolomie blanchâtre, etc. . . . . 15 m. »
2. Calcaire grumeleux avec enclave oolithique à Polypiers. . 28 »
3. Calcaire bleuâtre avec Nérinées . . . . . 2 à 3 »
4. Marnes bleu-grisâtre à taches rouges, avec débris d'*Ostrea*, de bivalves et de Gastéropodes. 1 50
5. Calcaire blanc, oolithique ou crayeux, avec Nérinées et petites Térébratules du Virgulien. . . . . 12 »
6. Alternance de dolomie et de calcaire compact sans fossiles. . 28 »

7. Dolomie grisâtre.	2 m. »
8. Ravin oolithique avec Polypiers (faune de Valfin), *Diceras Münsterii*, *Itieria Cabanetiana*, *Columbellaria Sophia*, etc. . .	50 à 60 »
Total. . .	de 139 à 149 m. »

Ici, les marnes à Ptérocères, visibles encore sur la Côte, ont totalement disparu pour faire place au facies coralligène. On ne trouve pas plus d'exemplaires de l'*Ostrea Virgula* qu'aux précédentes localités, mais on reconnaît toujours le Virgulien à ses marnes à taches rouges et à ses calcaires oolithiques à petites Térébratules qui atteignent une douzaine de mètres.

Il est curieux de retrouver ici une enclave oolithique à Polypiers dans le Portlandien, au numéro 2 de la coupe.

Coupe de Cinquétral.

Cette coupe traverse les pâturages et les bois qui couronnent la montagne de Cinquétral dans la direction de Valfin. J'y ai pu constater la succession suivante à partir du Purbeckien de Cinquétral :

1. Dolomie parfois caverneuse et résistante, parfois marneuse et friable, avec quelques bancs de calcaire compact . . .	15 m.	»
2. Calcaire compact à *Cyprina Brongniarti* et *Nerinea trinodosa*, avec intercalation de couches dolomitiques. . . .	28	»
3. Marno-calcaire à taches rouges et tests de bivalves du genre *Lucina*.	1	05
4. Calcaire blanc fragmenté tendant à la structure oolithique avec petites Térébratules.	10	»
5. Marno-calcaire à *Ostrea spiralis*.	1	88
6. Calcaire grumeleux bleuâtre.	8	»
7. Interruption par végétation.	8	»
8. Calcaire fragmenté, blanc, avec couches dolomitiques intercalées.	10	»
9. Calcaire blanc oolithique avec *Diceras Münsterii*, Polypiers et faune corallienne de Valfin.	30	»
Total. . . .	111 m.	93

C'est la succession de Valfin, avec cette différence, toutefois, que l'oolithe virgulienne y est plus faible, moins fossilifère et moins nettement accusée.

Les calcaires oolithiques n° 9, à *Diceras Münsterii*, sont, à n'en pas douter, ceux du ravin de Valfin. On en suit, en effet, sans peine du regard la continuité depuis ce ravin jusqu'au chalet de Cinquétral, où la coupe passe.

Coupe de Saint-Joseph.

L'endroit où cette coupe a été prise est situé à deux kilomètres à peine de Saint-Claude, sur la route de Valfin, au voisinage de la ferme du Valaivre, où affleurent de gros bancs de calcaire portlandien. Pour trouver les dolomies supérieures, il faut passer sur la rive gauche de la Bienne, où on les voit emprisonner le Néocomien, dans les deux branches d'un V dissymétrique, dont l'ouverture est tournée vers l'ouest.

Voici ce que l'on observe en l'absence de ces dolomies :

1. Calcaire grumeleux avec *Cyprina Brongniarti* et *Thracia depressa*	2 m.	»
2. Calcaire compact avec Nérinées indéterminables. . .	7	»
3. Dolomie.	0	80
4. Calcaire compact, blanchâtre, avec intercalation d'un banc de dolomie	10	»
5. Dolomie marneuse avec taches rouges	2	»
6. Alternance de calcaire fragmenté, légèrement crayeux, et de dolomie grisâtre	9	»
7. Calcaire marneux feuilleté avec *Ostrea spiralis*. . .	1	50
8. Calcaire compact à Nérinées.	2	»
9. Calcaire crayeux, devenant oolithique à la base, avec Térébratules voisines de la *subsella*.	8	»
10. Calcaire compact	4	»
11. Calcaire oolithique avec Nérinées indéterminables. *Diceras Münsterii*.	5	»
12. Alternance de calcaire compact blanc et de dolomie . .	32	»
13. Calcaire oolithique, devenant crayeux à la base, avec Polypiers et faune de Valfin	25	»
14. Calcaire compact blanc	8	»
15. Oolithes coralligènes, beaux Polypiers branchus. . .	9	»
16. Marno-calcaire feuilleté avec *Pteroceras Oceani* (visibles vers Valfin à un contour de la route)	1	»
Total. . . .	126 m.	30

Au-dessous vient encore un calcaire oolithique, visible sur quelques mètres seulement, mais que l'on peut facilement observer à un kilomètre plus loin, du côté de Valfin, où un contournement des couches le fait reparaître. Il présente encore le facies du Corallien de Valfin, c'est-à-dire de grosses oolithes, des Polypiers abondants et une grande quantité de Dicéras. C'est la roche que les habitants du pays nomment la Récure.

En jetant les yeux sur cette coupe, on y retrouve encore le Portlandien, dans la zone à *Cyprina Brongniarti*;

Le Virgulien, dans les marno-calcaires à *Ostrea* et dans les oolithes à petites Térébratules qui viennent au-dessous.

La petite enclave de calcaire marneux feuilleté à *Pteroceras Oceani* (n° 16 de la coupe), entre les oolithes à Polypiers des n° 13 et 15 et les oolithes dont nous venons de parler, montre que ces oolithes sont du Ptérocérien, et que là, comme sur le Roz et sur la côte, cet étage perd son facies marneux pour passer au facies coralligène.

Coupe du Plan-d'Acier.

Cette coupe a été relevée dans la nouvelle tranchée du chemin de fer de Nantua. Elle commence au-dessus du viaduc en pierre de Saint-Claude et va jusqu'aux éboulis qui recouvrent les affleurements oxfordiens du Plan-d'Acier.

Elle présente la succession suivante, lorsqu'on y ajoute quelques bancs qui surmontent la tranchée du côté d'Avignon :

1. Alternance de calcaire et de dolomie marneuse	28 m.	»
2. Calcaire compact en gros bancs avec enclave de dolomie grisâtre. — *Ammonites gigas* et nombreux moules de *Nerinea trinodosa*	24 à 25	»
3. Marno-calcaire feuilleté avec *Ostrea virgula*	0	60
4. Alternance de calcaire compact et de calcaire oolithique avec *Terebratula subsella*, petits Polypiers branchus, *Nerinea Defrancei* et moules indéterminables de *Diceras*	15	»
5. Calcaire compact avec petits lits légèrement marneux vers la base.	8	»
6. Calcaire compact, blanc-jaunâtre, en gros bancs, avec perforations dues à des Nérinées	18	»
7. Calcaire blanc, oolithique ou crayeux, avec Polypiers, Nérinées, *Diceras Münsterii* et autres fossiles du ravin de Valfin, contenant quelques bancs de calcaire compact, et deux faibles enclaves mar-		

neuses à *Terebratula subsella, Thracia incerta* et rares *Pteroceras Oceani* . . . . 45 à 50 »
8. Calcaire blanchâtre compact et peu fossilifère, à texture parfois dolomitique . . . . 10 »
9. Calcaire oolithique blanc, plus ou moins masqué par les éboulis (*Natica hemispherica, Cardium Corallinum*). . . . . 25 »

Total. . . . 171 m. »

On ne trouve pas dans cette coupe le niveau du Rauracien, qui est caché par les éboulis.

On ne voit apparaître aussi qu'une partie limitée de l'oolithe astartienne, tout à la base des assises visibles.

Mais le Portlandien, le Virgulien et le Ptérocérien sont bien reconnaissables à leur faune. Le Portlandien se fait surtout remarquer par la présence de l'*Ammonites Gigas*, qui paraît fort rare dans le Jura; le Virgulien, par les *Ostrea Virgula*, qu'on retrouve ici après les avoir perdus quelque temps vers le nord-ouest, et le Ptérocérien enfin, par de faibles enclaves marneuses à Ptérocères au milieu d'une épaisse formation coralligène dont la faune est celle de Valfin. On est encore à la limite de la région où le facies marneux à Ptérocères se montre. Quant au facies oolithique du Virgulien, on peut voir, par le n° 4 de la coupe, qu'il est incomplètement accusé et fort mélangé de calcaire compact. On peut y retrouver cependant les petites Térébratules de la côte de Valfin.

Coupe de Viry.

Cette coupe suit le nouveau chemin qui descend de Viry vers Molinges, en regard du cirque de Vulvoz.

On y remarque la série suivante, à partir du Purbeckien :

1. Alternances de dolomies marneuses ou en plaquettes, et de calcaire compact à *Cyprina Brongniarti* et petites enclaves oolithiques . . . . 33 m. »
2. Calcaire compact avec quelques alternances de dolomie, arborescences tortueuses, et trous laissés par la disparition de Nérinées. . . . . 15 »
3. Marnes bleu-jaunâtres à taches rouges, facilement désagrégeables, avec valves de *Terebratula subsella* et d'*Ostrea virgula* . . 11 »
4. Calcaire oolithique ou crayeux, riche en Polypiers, *Nerinea*

Defrancei, Ptygmatis pseudo-bruntrutana, et petites Térébratules voisines de la *subsella*. . . . . 22 m. »

5. Calcaire compact peu fossilifère . . . . . . 35 »

6. Calcaire oolithique blanc, avec nombreux Polypiers et une faune abondante de *Diceras*, de Nérinées, de Lamellibranches et de Brachiopodes de même espèce que ceux de Valfin . . . . 43 »

7. Marnes grumeleuses sans fossiles 0 80

8. Alternance de calcaire compact sans fossiles, et de calcaires oolithiques à *Diceras Münsterii* . . . . . . 12 »

9. Calcaire compact, plus ou moins jaunâtre ou gris, avec intercalation de dolomies marneuses au milieu, et tendance par place au facies oolithique, *Pseudocidaris Thurmanni*. . . . . 15 »

10. Calcaire oolithique à gros grains légèrement grisâtres, avec *Natica hemispherica, Trichites Saussurei, Ostrea pulligera, Rhynchonella pinguis*. . . . . 38 »

11. Dolomie friable et marno-calcaire, grumeleux, très fossilifère à *Cidaris florigemma, Ostrea rastellaris* et *Spongiaires* . . . 16 »

Total. . . . 240 m. »

Nous pensons que, dans cette coupe, il convient de rapporter au Portlandien les couches à *Cyprina Brongniarti* (n° 1 de la coupe);

Au Virgulien, les marnes à *Ostrea Virgula* et les calcaires oolithiques et crayeux qui viennent au-dessous et qui contiennent des Polypiers avec la faune du Virgulien oolithique de la côte de Valfin (n° 3);

A l'Astartien, les oolithes à *Natica hemispherica* et à *Ostrea pulligera* (n° 10);

Au Rauracien, les calcaires grumeleux à *Cidaris florigemma* et à Spongiaires.

Le Ptérocérien marneux fossilifère n'existe plus; mais peut-être doit-on en chercher les derniers restes dans les marnes du n° 7, ainsi que dans la partie supérieure des assises à *Pseudocidaris* (n° 9).

Dans tous les cas, ce qu'il y a de remarquable à noter à ce niveau, c'est que les oolithes coralligènes y atteignent un développement presque aussi grand qu'à Valfin. Le Virgulien coralligène devient aussi fort puissant.

Quant à l'Astartien, les oolithes y conservent le développement que nous leur avons reconnu près de Valfin.

Il est encore intéressant de constater que l'on rencontre ici, dans les calcaires à *Cyprina*, une petite enclave oolithique rappelant celle du Portlandien de Valfin.

Tous ces détails sont assez bien reproduits dans la figure ci-jointe (fig. 7), qui représente à la fois l'aspect des abrupts et l'itinéraire suivi par la Société dans sa visite à Viry.

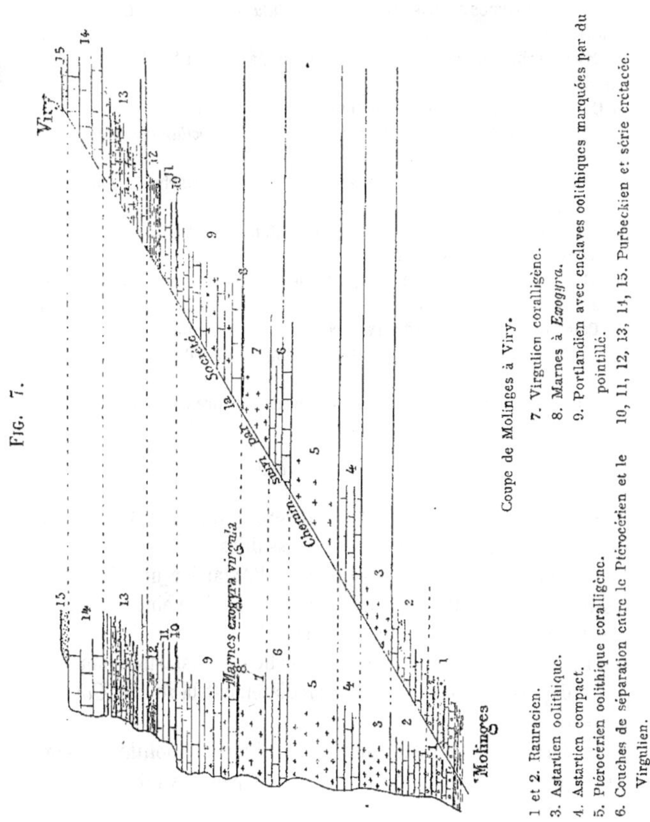

FIG. 7.

Coupe de Molinges à Viry.

1 et 2. Rauracien.
3. Astartien oolithique.
4. Astartien compact.
5. Ptérocérien oolithique coralligène.
6. Couches de séparation entre le Ptérocérien et le Virgulien.
7. Virgulien coralligène.
8. Marnes à *Exogyra*.
9. Portlandien avec enclaves oolithiques marquées par du pointillé.
10, 11, 12, 13, 14, 15. Purbeckien et série crétacée.

Coupe d'Oyonnax.

Cette coupe suit, au levant d'Oyonnax, la belle route qui traverse le bois de Puthod en allant sur Échallon. Elle n'atteint pas le Néocomien, mais seulement les couches jurassiques dont voici la succession :

1. Alternance de dolomie marneuse et de calcaire à Nérinées .	23 m. »
2. Calcaire compact bleuâtre au sommet, devenant oolithique à la base.	21 »
3. Calcaire marneux, grisâtre, à *Terebratula subsella* et à *Ostrea pulligera*.	1 »
4. Calcaire blanc, fragmenté ou oolithique, avec petites Térébratules	14 »
5. Calcaire compact à Nérinées indéterminables . . .	8 »
6. Oolithe blanchâtre avec *Nerinea Cassiope, Columbellaria Sophia, Diceras Münsterii*, Polypiers et faune de Valfin . . .	18 »
7. Alternance de calcaires compacts et de marnes grisâtres à *Pholadomya Protei, Thracia incerta*	5 »
8. Calcaire oolithique blanc à Polypiers (faune de Valfin) .	24 »
9. Calcaire compact en plaquettes	6 »
10. Alternance de calcaire compact, de dolomies et de couches marneuses, sans fossile.	31 »
11. Calcaire oolithique blanc avec Nérinées et dolomie percée de géodes, passant au bas à du calcaire compact et à de la dolomie marneuse	35 »
12. Alternance de marnes en plaquettes et de calcaire compact avec baguettes de *Cidaris florigemma*	34 »
Total. . . .	220 m. »

Dans cette coupe, ce sont les divers niveaux du Rauracien et du Ptérocérien qui sont le plus reconnaissables.

Ni le Portlandien, ni le Virgulien, ni l'Astartien ne m'ont donné de fossiles caractéristiques; mais on n'a pas de peine à retrouver la place des deux premiers de ces étages dans la série d'assises qui descend jusqu'au n° 5 de la coupe, et celle de l'Astartien dans les puissants dépôts qui surmontent immédiatement la zone à *Cidaris florigemma*.

Ce dernier étage reste encore sensiblement oolithique comme à Viry, mais il se laisse cependant un peu envahir par un facies marneux.

Quant au Ptérocérien, le faible développement de ses assises marneuses rappelle absolument ce que nous avons vu aux Frasses, sur les Roz, sur la côte de Valfin et au Plan-d'Acier, où ces marnes viennent mourir dans des formations coralligènes.

Peut-être peut-on retrouver les représentants de l'oolithe virgulienne dans les calcaires blancs fragmentés de l'assise n° 4; mais ce facies est moins développé et moins reconnaissable ici qu'à Viry.

Coupe de Montépile.

Cette coupe est celle qui a été donnée déjà par Étallon, dans son *Esquisse du Haut-Jura*, et par M. Choffat, dans sa *Note sur les couches à Ammonites Acanthicus*. Je la reproduis cependant, parce qu'il me semble que ces deux éminents naturalistes en ont un peu exagéré l'épaisseur, et que, malgré le soin avec lequel ils y ont étudié la succession des formations, les groupements d'assises auxquels ils ont eu recours ne peuvent guère se raccorder avec ceux de mes autres coupes.

J'y ai remarqué, à partir du Purbeckien :

1. Dolomie marneuse gris-blanchâtre.	5 m.	»
2. Calcaire compact avec veines rouges d'oxyde de fer, et quelques gros Ptérocères.	12	»
3. Interruption	11	»
4. Calcaire compact avec intercalation de marnes et de dolomies marneuses	9	»
5. Marnes dolomitiques et marno-calcaire blanc	6	»
6. Calcaire compact à *Nerinea trinodosa* formé de bancs épais, souvent couverts d'arborescences tortueuses	68	»
7. Calcaire oolithique blanc avec traces d'Amorphozoaires. .	1	20
8. Calcaire blanchâtre avec marnes feuilletées en petites veines parallèles aux Strates	15	»
9. Calcaire oolithique avec Nérinées et petites Térébratules, voisines de la *subsella*	14	»
10. Éboulis oolithiques, laissant voir sur un point un marno-calcaire grumeleux avec *Scyphies* et *Analina insignis*. . .	12	»
11. Calcaire blanc, plus ou moins oolithique, avec Polypiers, Térébratules et Nérinées indéterminables.	7	50
12. Calcaire fragmenté blanchâtre, sans fossiles	8	»
13. Calcaire oolithique ou subcrayeux avec Polypiers, *Diceras* et Nérinées de Valfin	17	»
14. Calcaire compact blanc, coupé de fissures transversales aux couches, et plus ou moins cristallin.	13	»
15. Marnes blanchâtres, plus ou moins grumeleuses, avec *Cyprina brevirostris*, *Mytilus perplicatus*, *Ostrea multiformis* . .	3	»
16. Alternance de calcaire et de marnes en couches minces, sans fossiles	15	»
17. Calcaire compact à cassure conchoïdale, bleuâtre au dedans et à teinte plus claire à l'extérieur	15	»
18. Marnes feuilletées, bleuâtres, avec *Pholadomya Protei*, *Lucina*		

rugosa, *Valdheimia humeralis* et Ammonites du groupe de la *Polyplocus*	15 m. »
19. Calcaire compact en gros bancs, à cassure conchoïdale. .	5 »
20. Alternance de calcaire et de marnes bleues feuilletées, sans fossiles	16 »
21. Calcaire bleuâtre ou blanc, plus ou moins fragmenté, à texture compacte.	32 »
22. Calcaire compact blanc avec assises oolithiques. . .	42 »
23. Marno-calcaire bleuâtre et calcaire bleuâtre en gros bancs .	9 »
24. Alternance de calcaire et de marnes feuilletées, zone à *Cidaris florigemma*	8 »
Total. . . .	367 m. 70

Sur cette coupe, on reconnaît assez bien :

Le Portlandien, dans les couches à gros Ptérocères et à *Nerinea trinodosa ;*

Le Virgulien, dans les calcaires oolithiques à petites Térébratules que nous sommes habitués à suivre depuis les environs de Valfin ;

Le Ptérocérien, dans les alternances de calcaire compact et d'oolithe coralligène à faune de Valfin ;

L'Astartien, dans les assises à *Waldheimia humeralis* et *Pholadomya Protei ;*

Le Rauracien, dans les alternances de calcaires et de marnes feuilletées, à *Cidaris florigemma.*

Le Portlandien ne présente pas d'enclaves oolithiques, mais le facies coralligène du Virgulien est assez puissamment développé.

Ceux du Ptérocérien et de l'Astartien le sont beaucoup moins qu'aux environs de Valfin et paraissent éprouver une tendance à s'effacer. En même temps on voit apparaître dans l'Astartien les Ammonites voisines de la *Polyplocus,* associées à la faune astartienne du nord-ouest.

Coupe de Désertin.

Cette coupe descend du hameau de Désertin, près duquel le Jurassique est en contact avec un lambeau du Crétacé, pour aller de là vers le village de Choux qui repose sur l'Oxfordien. Je n'ai pu la suivre dans tous ses détails jusqu'à ce dernier village ; mais dans la partie supérieure où je l'ai étudiée avec soin, j'y ai trouvé la succession suivante :

1. Alternance de dolomie blanche et de calcaire compact . .	14 m.	»
2. Calcaire crayeux légèrement oolithique, sans fossiles . .	3	»
3. Alternance de calcaire compact, rougeâtre ou blanc, et de quelques bancs de dolomie, moules de Nérinées	22	»
4. Marnes jaunes à petites bivalves.	0	10
5. Alternance de marnes feuilletées et de calcaire subcompact .	16	»
6. Calcaire compact à *Nerinea trinodosa*	16	»
7. Dolomie marneuse	4	»
8. Marnes gris-bleuâtres, avec taches rouges, à *Ostrea spiralis* .	3	»
9. Calcaire oolithique à *Ptygmatis pseudo-bruntrutana*, à petites Térébratules et à Polypiers.	2	»
10. Alternance de calcaire oolithique et de calcaire compact (l'oolithique dominant et formant deux horizons distincts). . .	32	»
11. Calcaire compact gris avec *Diceras Münsterii* et Nérinées de Valfin	8	»
12. Calcaire oolithique avec *Diceras*, Nérinées et quelques bivalves de la faune de Valfin		
13. Alternance de marnes bleuâtres à *Pecten Buchi*, *Pholadomya Protei*, *Ceromya excentrica*, et de calcaire blanc suboolithique à *Diceras* et à Nérinées	19	»
14. Calcaire compact avec quelques *Diceras* et Nérinées . .	38	»
15. Calcaire compact, sans fossiles	40	»
16. Calcaire blanc peu fossilifère	6	»
Total. . . .	223 m.	10

Sur cette coupe, on retrouve encore le Portlandien dans les assises qui descendent jusqu'au niveau de la *Nerinea trinodosa*.

Le Virgulien ne paraît pas contenir d'*Ostrea Virgula*, mais il est suffisamment reconnaissable à ses marnes à taches rouges et à ses oolithes à petites Térébratules que nous avons observées si fréquemment.

Au-dessous vient un puissant développement d'oolithes coralligènes à faune de Valfin avec quelques assises de marnes bleuâtres à *Pholadomya Protei* et *Ceromya excentrica* rappelant le Ptérocérien marneux du nord-est.

Coupe des Bouchoux.

Cette coupe, prise sur les escarpements qui dominent, au levant, le village des Bouchoux, dans la direction de la Pesse, va jusqu'aux maisons de l'Embossieux, où le Néocomien affleure.

On y trouve de haut en bas :

1. Dolomie marneuse	2 m.	»
2. Alternance de calcaire bleuâtre à Nérinées et de dolomies en plaquettes.	58	»
3. Calcaire blanc fragmenté, suboolithique, avec petit niveau marneux à *Ostrea*	10	»
4. Calcaire grisâtre à *Terebrutala insignis*	2	50
5. Alternance de calcaire de marnes et de dolomie. . .	29	»
6. Marnes à *Isocardia cornuta* et à Ammonites . . .	2	»
7. Calcaire oolithique blanchâtre avec *Itiera Cabanetiana*, Polypiers et *Diceras Münsterii*.	25	»
8. Calcaire marneux à *Ceromya excentrica* et *Ostrea pulligera* .	7	»
9. Alternance de calcaire feuilleté et de marnes jaunes avec Ammonites du groupe de la *Polyplocus*	17	80
10. Calcaire marneux, gris, à *Isocardia striata, Cyprina Maranvillensis, Valdheimia humeralis*	3	»
11. Calcaire blanchâtre, crayeux au sommet et oolithique à la base, avec intercalation d'une couche marneuse jaune . . .	19	»
12. Alternance de calcaire et de marnes feuilletées (radioles de *Cidaris florigemma*).	35	»
Total. . . .	210 m.	30

Si, dans cette coupe, le Portlandien reste bien confus et si le Virgulien est à peine reconnaissable aux calcaires blancs fragmentés avec lits marneux du n° 3, il est en retour extrêmement intéressant de rencontrer ici des traces d'Ammonites au niveau du Ptérocérien, où se trouvent ainsi à la fois réunis le facies marneux à Pholadomyes du nord-ouest, et le facies oolithique coralligène de Valfin. On peut noter que ce dernier facies est sensiblement moins épais qu'à Désertin et à Viry, et que l'oolithe Astartienne, que nous avons suivie si longtemps au-dessus des formations à *Cidaris florigemma,* n'atteint plus qu'une vingtaine de mètres de puissance.

Coupe de Charix.

Cette coupe part des marnes purbeckiennes du moulin de Charix, suivant une rectification du chemin qui descend vers la gare et se continue de là dans la direction de Saint-Germain. Elle ne suit donc pas la même direction que celle de M. Schardt, dont je tiens à reconnaître ici tous les droits de priorité.

Elle offre la succession suivante :

1. Calcaire blanc, compact, en bancs minces, passant au calcaire lithographique	12 m.	»
2. Dolomie marneuse jaune	5	»
3. Calcaire compact en bancs épais avec *Natica Marcousana, Nerinea trinodosa*	15	»
4. Dolomie marneuse	2	»
5. Calcaire compact fragmenté.	3	»
6. Marnes feuilletées, sans fossiles	1	»
7. Calcaire blanc, plus ou moins compact, avec *Lucines* et *Nerinea trinodosa*.	15	»
8. Alternance de dolomie et de calcaire compact bleu, avec traces de Nérinées et arborescences tortueuses	11	»
9. Dolomie et calcaire dolomitique	2	50
10. Marnes grumeleuses à *Ostrea virgula*, visibles vis-à-vis la gare.	0	10
11. Calcaire bleu, compact, sans fossiles	2	»
12. Marnes bleuâtres, grumeleuses et facilement désagrégeables, avec traces de bivalves.	2	»
13. Calcaire blanc à texture crayeuse et en bancs massifs, visible seulement par place sur la route de Saint-Germain, *Nerinea Ptygmatis, Diceras*, Polypiers et petites Térébratules . .	35 à 40	»
14. Calcaire jaunâtre, plus ou moins compact, avec *Pholadomya Protei*, feuilles de Zamites et traces d'*Ostrea*. . . .		
15. Calcaire oolithique à Nérinées et à *Diceras Münsterii*, faune de Valfin.	25	»
16. Calcaire gris, compact, avec Ammonites du groupe de la *Polyplocus, Pholadomya Protei, Valdheimia egena*. . . .	40	»
Total. . .	de 170 à 175 m.	60

Dans cette coupe, nous retrouvons l'*Ostrea Virgula* invisible en plusieurs des coupes précédentes.

Nous constatons aussi la présence de la *Pholadomya Protei* au-dessus de la masse coralligène n° 15, dont la faune est celle de Valfin.

Mais ce qu'il y a surtout d'intéressant à noter, c'est la grande puissance que prennent ici les oolithes Virguliennes et l'apparition dans l'Astartien, comme à Montépile et aux Bouchoux, des marnes à *Ammonites Polyplocus*.

Coupe d'Échallon.

Cette coupe, prise le long du chemin qui monte de Saint-Germain en Joux au village d'Échallon, a été complétée par des observations faites dans la forêt du Puthod, où se présentent quelques assises supérieures à celles qui se trouvent au village d'Échallon.

La coupe ne va cependant pas jusqu'au Crétacé.

Elle présente de haut en bas :

1. Calcaire compact et dolomie tachetée	15 m.	»
2. Calcaire bréchiforme et fragmenté au sommet, oolithique à la base	6	»
3. Dolomie.	1	»
4. Calcaire bleuâtre à texture compacte, mais fragmenté . .	13	»
5. Dolomie jaunâtre	1	»
6. Calcaire marneux à *Natica Marcousana* et gros Ptérocères .	5	»
7. Calcaire compact avec *Nerinea trinodosa*	18	»
8. Marno-calcaire grisâtre avec fragments d'*Ostrea* . . .	1	»
9. Calcaire compact blanchâtre.	5	»
10. Calcaire marneux feuilleté; débris d'*Ostrea*. . . .	4	»
11. Oolithe blanchâtre	5	»
12. Calcaire grisâtre avec moules de Nérinées. . . .	7	»
13. Calcaire compact gris, fissile au sommet et bréchiforme à la base.	23	»
14. Calcaire oolithique avec Nérinées	4	»
15. Calcaire compact grisâtre, en plaquettes	5	»
16. Calcaire oolithique corallien avec Polypiers, *Nerinea Defrancei*, *Ptygmatis*, *Diceras*.	10	»
17. Calcaire marneux, grisâtre, avec oolithes roulées. . .	18	»
18. Calcaire oolithique blanc	10	»
19. Calcaire grisâtre avec oolithes et Nérinées. . . .	5	»
20. Calcaire blanc, oolithique au sommet, mais d'une texture plus fine à la base (pierre d'Échallon), avec *Nerinea cabanetiana*, *Diceras Münsterii* et faune de Valfin.	8	»
21. Calcaire compact, avec bancs de Nérinées, plus ou moins masqués par la végétation et les éboulis.	12	»
22. Calcaire à Polypiers et à grosses oolithes, fortement désagrégeables et très visibles au pont de Frapon, avec nombreux fossiles tels que : *Nerinea Deswodyi*, *Hinnites fallax*, *Rhynchonella pinguis*, *Diceras Münsterii* et les principaux fossiles de la base du Corallien de Valfin	18	»
Total. . . .	194 m.	»

Rien, dans cette coupe, qui rappelle le Ptérocérien marneux d'Oyonnax, et rien qui permette de préciser exactement la position du Virgulien.

Depuis les couches portlandiennes à *Natica Marcousana* jusqu'à la base de la coupe, c'est une succession d'assises Coralligènes, où l'on passe peu à peu de la faune à petites Térébratules du Virgulien oolithique à la faune connue de Valfin. Le facies coralligène tend donc ici manifestement à monter dans la série des étages.

Coupe de Champformier.

Cette coupe suit le chemin de Champformier à Chézery, où le contact du Jurassique supérieur avec le Purbeckien d'une part, et l'Oxfordien de l'autre, est des mieux accusés.

Elle offre la série suivante en descendant de Champformier :

1. Alternance de calcaire compact et de dolomie	17 m.	»
2. Calcaire compact grisâtre avec *Nerinea trinodosa*. . .	15	»
3. Alternance de calcaire et de dolomies marneuses avec débris de *Lucines*	22	»
4. Calcaire compact blanc avec Nérinées.	9	»
5. Calcaire crayeux, souvent oolithique, avec *Diceras*, Polypiers, *Ptygmatis*.	10	»
6. Calcaire fragmenté crayeux, parfois oolithique, avec grande abondance de Polypiers.	22	»
7. Calcaire blanc oolithique, avec *Diceras Münsterii* et Polypiers .	10	»
8. Calcaire bleu compact sans fossile.	8	»
9. Calcaire saccharoïde blanc sans fossile	17	»
10. Calcaire blanc marneux	25	»
11. Marnes blanches avec Ammonites du groupe de la *Polyplocus*.	14	»
12. Calcaire blanc saccharoïde	13	»
13. Marnes feuilletées à Ammonites du groupe de la *Polyplocus* et fragments indéterminables de bivalves.	1	»
14. Calcaire grisâtre à *Cidaris florigemma* avec interposition de marnes	18	»
15. Calcaire grisâtre sans fossile.	6	»
Marnes oxfordiennes.		
Total.	207 m.	»

Plus rien non plus ici qui permette de préciser la position du Virgulien et qui facilite sa séparation d'avec le Ptérocérien, mais à la place de ces deux étages, au-dessous d'un Portlandien à *Nerinea Trinodosa*, tout un ensemble de calcaire oolithique ou saccharoïde à Dicéras, à Nérinées et à Polypiers divers.

Viennent ensuite des marnes à *Ammonites Polyplocus*, qui rappellent assez bien celles que nous avons trouvées dans l'Astartien des Bouchoux et qui sont, comme ces derniers, au-dessus de la zone à

Cidaris florigemma. Nous perdons donc encore ici le facies coralligène de l'Astartien, qui n'est plus représenté que par quelques bancs de calcaire saccharoïde (n° 12 de la coupe), pour entrer dans le facies marneux à Céphalopodes.

Remarques sur cette seconde série de coupes.

Lorsqu'on passe en revue cette seconde série de coupes et qu'on la compare à la précédente, on en tire les conclusions que voici :

A part quelques points où elles renferment encore des îlots rudimentaires de Polypiers, les couches les plus voisines de l'Oxfordien perdent leur facies coralligène du nord-ouest.

Dans l'Astartien, le facies oolithique coralligène s'accroît encore jusqu'aux bords de la Bienne. Il restait divisé par des calcaires compacts et des dolomies à Leschères, à Chaux-des-Prés et à la Landoz. Sa masse devient plus homogène sur les Roz, à la côte de Valfin, au Plan-d'Acier et à Viry surtout, où son épaisseur atteint près de 40 mètres. Passé cette limite, ce facies diminue et se trouve remplacé par des marno-calcaires ou des marnes, où les Ammonites se montrent.

Mais ce sont surtout les facies coralligènes du Ptérocérien et du Virgulien qui acquièrent un très sensible développement.

Le premier alterne encore avec des marnes à l'Abbaye, aux Frasses et dans les escarpements nord de la Combe-des-Prés; mais sur les Roz, sur la Côte, à Saint-Joseph, au Plan-d'Acier et à Oyonnax, il n'y a plus qu'une légère enclave marneuse à Ptérocères qui s'efface à Valfin, à Cinquétral, à Échallon et à Champformier. Seules les trois directions de Leschères aux Bouchoux, du col de la Savine aux environs de Prémanon, des environs de Moirans à la forêt de Puthod, conservent des Ptérocères avec un reste du facies marneux, et semblent accuser l'existence d'anciens chenaux dans l'intervalle des grands récifs de Valfin, du Rizoux, de Viry et d'Oyonnax.

Quant au facies oolithique du Virgulien, son accroissement s'effectue d'une façon lente, mais presque régulière. Il était faiblement accusé à Leschères et à la Landoz; il mesure de 6 à 7 mètres à la Rixouse, 7 mètres sur la route de Morez, une dizaine de mètres sur la côte de Valfin, de 12 à 15 mètres à la côte de Cinquétral et entre Saint-Claude et Valfin, près de 20 mètres à Saint-Joseph et à Septmoncel, plus de 20 mètres à Viry, et près de 40 au voisinage de Charix et d'Échallon, où il tend à se souder au facies oolithique précédent.

Ajoutons encore l'apparition, dans les assises portlandiennes de Valfin et de Viry, de quelques taches d'oolithes qui sont comme l'amorce d'un cinquième niveau coralligène.

Peut-être faut-il y rattacher aussi quelques bancs de calcaire oolithique qu'on trouve vers le sommet de la coupe d'Oyonnax.

Troisième série de coupes.

La troisième série de coupes nous permettra maintenant de voir comment ces assises se comportent lorsqu'on part du grand massif à Polypiers pour aller vers l'est.

Ces coupes sont celles du Fresnois, du Haut-Crêt, de la Joux et du col de la Faucille.

Coupe du Fresnois.

L'endroit où cette coupe a été relevée est à très peu de distance de la ferme de la Pelaise, sur un sentier qui va de Cinquétral à la ferme du Haut-Crêt par la forêt du Fresnois.

Bien que les affleurements y soient en grande partie masqués par la végétation, j'y ai pu constater de haut en bas la succession suivante :

1. Calcaire compact et dolomie.	18 m.	»
2. Calcaire compact à *Nerinea trinodosa*.	35	»
3. Marnes jaunâtres avec débris d'*Ostrea virgula*. . . .	1	20
4. Calcaire oolithique ou crayeux, avec petites Térébratules et *Diceras*	12	»
5. Calcaire compact jaunâtre sans fossile.	22	»
6. Calcaire blanc, avec fossiles de Valfin et à texture tantôt oolithique, tantôt saccharoïde ou compacte.	56	»
7. Alternance de calcaire et de marnes avec *Ceromya* et débris d'Ammonites.	10	»
Total. . . .	154 m.	20

Dans cette coupe, qui n'atteint pas l'Oxfordien, les numéros 1 et 2 ne peuvent représenter que le Portlandien, puisqu'ils surmontent les marnes à *Ostrea Virgula.*

Les numéros 3, 4 et 5 paraissent équivaloir au Virgulien, y comprise la zone qui sépare cet étage de l'oolithe Ptérocérienne ;

Le numéro 6, au Ptérocérien oolithique ;

Le numéro 7, au sommet de l'Astartien.

Ce qu'il y a surtout à noter ici, c'est encore l'apparition du facies marneux à Céphalopodes dans l'Astartien, et l'appauvrissement du facies oolithique dans le Ptérocérien, dont la texture tend à devenir plus compacte. Quelques rognons siliceux commencent à se montrer dans ce dernier niveau.

Coupe du Haut-Crêt.

La coupe du Haut-Crêt, située à deux kilomètres et demi de la précédente, a été en majeure partie relevée le long de l'ancienne route de Gex à Saint-Claude, qui descend du Crétacé de la Chaux Berthaud à l'Oxfordien de la Combe de Tressus en entaillant la plupart des assises supérieures du Jurassique. Mais, comme quelques-unes de ces assises sont masquées par la végétation, j'ai dû combler cette lacune par des observations faites dans les pâturages voisins.

Voici comment les couches s'y succèdent, en commençant toujours par les plus élevées :

1. Alternance de calcaire compact gris-jaunâtre et de dolomie marneuse.	12 m.	»
2. Calcaire compact blanchâtre renfermant une petite enclave de calcaire saccharoïde, avec moules de *Nerinea trinodosa*. . .	40	»
3. Calcaire blanc passant de la texture oolithique à une texture saccharoïde ou crayeuse. *Diceras*, petites Térébratules. . .	14	»
4. Calcaire compact jaunâtre ou gris sans fossile. . . .	15	»
5. Calcaire blanc oolithique avec Polypiers, *Diceras* de Valfin et rares rognons siliceux.	12	»
6. Calcaire compact à Nérinées.	18	»
7. Calcaire blanc suboolithique avec Polypiers *Pinna*, *Diceras* et Nérinées. (Faune de Valfin).	12	»
8. Calcaire compact gris-jaunâtre, rares moules de Nérinées	12	»
9. Alternance de calcaire et de marnes grisâtres avec débris d'Ammonites, *Ceromya excentrica* vers le sommet et *Pecten octoplicatus* à la base.	42	»

10. Calcaire oolithique blanc à nids de Polypiers et rares traces d'une Térébratule voisine de l'*Insignis*.	18 m.	»
11. Alternance de calcaire et de marnes feuilletées avec *Cidaris florigemma*.	15	»
Total. . . .	210 m.	»

Si l'on jette un coup d'œil sur cette série d'assises, on voit que les numéros 1 et 2 peuvent être regardés comme représentant le Portlandien;

Les numéros 3 et 4, le Virgulien;

Les numéros 5, 6, 7, 8, le Ptérocérien;

Les numéros 9 et 10, l'Astartien.

Ce qu'il y a surtout à remarquer dans cette coupe, ce sont les subdivisions de l'oolithe Ptérocérienne par du calcaire compact, l'apparition des rognons de silex à ses couches supérieures et le grand développement des couches marneuses à Ammonites dans l'Astartien.

Je n'ai pu trouver ici ni l'*Ostrea Virgula*, ni le niveau marneux qui lui correspond plus au nord.

Coupe de la Joux.

Cette coupe est prise suivant la nouvelle route qui se rend en lacets du village de Mijoux à la Combe Oxfordienne, au fond de laquelle les maisons de la Joux sont bâties.

Voici la succession qu'elle présente à partir du Crétacé :

1. Dolomie marneuse, plus ou moins renversée, avec enclave de calcaire compact.	15 m.	»
2. Calcaire compact à gros Ptérocères, avec couches suboolithiques et lits de dolomie marneuse.	22	»
3. Calcaire compact gris avec moules de *Nerinea trinodosa*. .	15	»
4. Calcaire oolithique avec petites Térébratules, petits Polypiers branchus et *Diceras* brisés.	22	»
5. Calcaire compact sans fossile.	8	»
6. Calcaire marneux jaunâtre avec valves d'*Ostrea*. . .	1	50
7. Alternance de calcaire compact et de couches oolithiques à nodules siliceux et à faune de Valfin.	45	»
8. Calcaire compact, gris ou blanc, parfois oolithique à la base, avec lits marneux, *Diceras* vers le sommet.	26	»
9. Alternance de calcaire marneux et de marnes feuilletées, traces d'*Ammonites Polyplocus*.	32	»

10. Calcaire blanc suboolithique. . . . . . . 25 m. »
11. Marno-calcaire grumeleux à *Valdheimia Mœschi, Pecten octoplicatus, Cidaris florigemma*. . . . . 16 »
12. Glaciaire. . . . .

Total. . . . 226 m. »

En examinant cette coupe, on voit sans peine qu'il convient de rapporter :

1° Au Portlandien, les numéros 1, 2 et 3, qui débutent par les assises à *Nerinea trinodosa;*

2° Au Rauracien et à une partie de l'Astartien, les numéros 9, 10 et 11, qui forment la base de l'affleurement;

3° Au Ptérocérien coralligène, les assises oolithiques numéro 7, où se trouve encore la faune de Valfin que nous venons de suivre.

Dès lors, les calcaires marneux jaunes numéro 6, avec débris indéterminables d'*Ostrea,* seraient Virguliens, ainsi que les assises oolithiques qui les surmontent.

Les formations numéro 8 formeraient une limite assez indécise entre le Ptérocérien coralligène et l'Astartien.

On peut constater ici qu'outre les couches marneuses enclavées dans l'Astartien, on en trouve encore qui s'avancent vers le Ptérocérien, ce qui indique que ce facies marneux tend à monter.

On peut remarquer, en outre, combien le Portlandien et le Virgulien s'enrichissent en enclaves oolithiques, en même temps que le Ptérocérien s'appauvrit, et combien les silex, dont la première amorce s'est montrée au Fresnois, se multiplient à la partie supérieure de ce dernier étage.

Coupe de la Faucille.

La coupe de la Faucille, située à deux ou trois kilomètres à peine de celle de la Joux, ne peut être donnée avec autant de détails, à cause de compressions violentes que les couches ont subies.

Voici ce que j'y ai constaté à partir du Néocomien renversé vers la Combe de Mijoux :

1. Dolomie et calcaire dolomitique ou compact, plus ou moins fragmenté, avec *Nerinea trinodosa* vers la base, de . . . 50 à 60 m.

2. Grande masse oolithique, renfermant de petites Térébratules au sommet et présentant à sa base des calcaires compacts intercalés avec la faune à *Diceras Münsterii*, *Itieria Cabanetiona*, *Rhynchonella pinguis*, etc., de Valfin et quelques rognons siliceux, de. . 100 à 110 m.

3. Alternance de calcaire gris et de minces lits marneux devenant de plus en plus épais à mesure que l'on descend la série. . 90 »

Total. . . . 240 à 260 m.

Bien qu'incomplète, cette coupe permet encore de reconnaître le Portlandien dans le numéro 1, le Virgulien et le Ptérocérien coralligène dans le numéro 2, et de voir, par le numéro 3, que les assises marneuses à Ammonites prennent un énorme développement. On retrouve toujours les rognons de silex associés à la faune de Valfin.

Conclusions.

Sans entrer dans plus de détails, on peut conclure de cette troisième série de documents :

1° Que d'abord, le facies oolithique que nous avons vu s'essayer seulement dans le Virgulien et le Portlandien du côté de l'ouest, envahit ici sérieusement le premier de ces étages et monte peut-être jusque dans le second ;

2° Qu'ensuite, ce même facies, si puissamment développé dans le Ptérocérien, près de Valfin, d'Oyonnax et de Viry, perd aussi peu à peu de l'importance qu'il avait acquise et passe en bas à des calcaires et à des marnes en perdant peu à peu la faune qu'il avait au ravin ;

3° Qu'enfin, au-dessous du tout, les oolithes astartiennes s'effacent et qu'à leur place se montrent des couches à Ammonites, analogues à celles que nous avons observées aux Bouchoux, à Charix et à Champformier.

A cela, il faut ajouter encore la présence de rognons siliceux dont le niveau semble suivre celui du Ptérocérien supérieur et qui sont importants à signaler ici pour l'étude du Jurassique supérieur dans la Savoie et le Bugey.

Fig. 8.

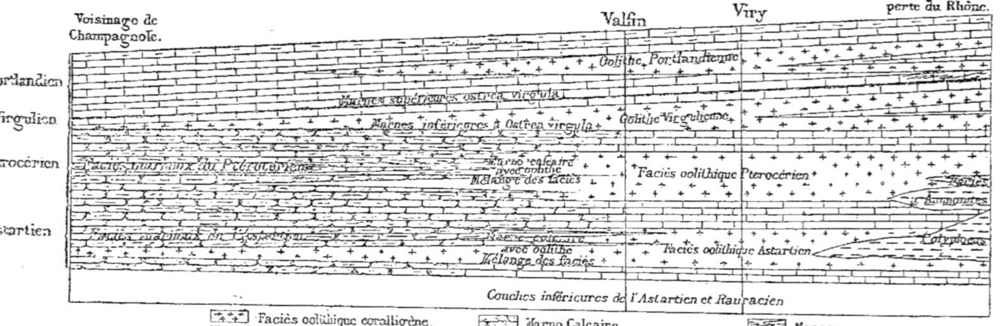

N.O.
S.E.
Voisinage de Champagnole.
Valfin
Viry
Voisinage de la perte du Rhône.
Portlandien
Virgulien
Pterocérien
Astartien
Oolithe Portlandienne
Marnes supérieures ostrea virgula
Marnes inférieures à Ostrea virgula
Oolithe Virgulienne
Marno calcaire avec oolithe
Mélange des faciès
Faciès oolithique Pterocérien
Faciès oolithique Astartien
Couches inférieures de l'Astartien et Rauracien
Faciès oolithique coralligène.
Faciès à Ammonites polyplocus.
Marno Calcaire.
Calcaire compacte.
Marnes
Dolomie portlandienne.

Quant à l'ensemble des coupes, elles montrent :

1° Que le facies coralligène se montre à tous les niveaux et est associé à toutes les faunes;

2° Qu'il s'amorce peu à peu vers le nord-ouest par de faibles indigitations, à peine visibles dans les assises sédimentaires voisines;

3° Qu'il grandit et se renfle peu à peu en commençant par les assises les plus inférieures pour monter vers les plus élevées;

4° Qu'après s'être développé quelque temps, il se laisse envahir de sa base vers son sommet par des couches à Céphalopodes qui tendent à s'y substituer peu à peu.

C'est ce qu'indique assez bien la figure ci-jointe, où l'ensemble des formations est représentée en coupes des environs de Champagnole à ceux de la perte du Rhône.

IV

ÉTUDE DES ÉTAGES

Épaisseur. — Facies normaux et faune. — Facies coralligènes et faune.

I

RAURACIEN

Épaisseur. — Facies normal. — Facies coralligène.

Après avoir ainsi suivi pas à pas l'ensemble du Jurassique supérieur depuis les environs de Champagnole jusqu'à ceux de Bellegarde, nous pouvons en aborder maintenant l'étude par étages, et, sans préciser trop les limites de ceux-ci, passer rapidement en revue les variations de puissance, de facies et de faune que chacun d'eux présente.

Épaisseur.

Le plus inférieur d'entre eux, le Rauracien, présente une épaisseur assez variable. Il atteint, d'après les travaux de M. Girardot et mes propres observations, plus de 30 mètres près de Châtelneuf, de Ménétrux et de Petites-Chiettes; de 40 à 50 mètres à Morillon et aux Planches; une quarantaine de mètres près des Arbouts, dans la coupure d'Entre-Côte ; une trentaine de mètres au cirque de Giron ; autant à Château-des-Prés ; de 25 à 35 mètres aux Prés de Valfin, à la Landoz et à Leschères ; de 15 à 20 mètres au voisinage de Molinges et dans une partie notable du sud-ouest de la chaîne.

J'y ai trouvé des Polypiers épars à Mournans, à Mont-sur-Monnet, à Chambly, où se termine la coupe de Ménétrux, ainsi qu'au voisinage d'Étival et dans quelques points des abrupts de Combe-des-Prés. M. Girardot en signale aussi des îlots à Pillemoine, et M. Choffat les a vus au creux des Crozets, aux Seiches et aux Emburnets.

C'est ordinairement lorsque ce facies à Polypiers se montre que l'on y trouve le plus souvent le *Glypticus hieroglyphicus*, l'*Hemicidaris crenularis* et les Encrines. Mais ce facies n'est qu'un accident local ; et, en général, le Rauracien, qui correspond cependant à une partie notable du Corallien du bassin de Paris, est, de tous les étages du Jurassique supérieur, celui qui présente le moins d'enclaves coralliennes.

Facies normal.

Son facies normal est calcaréo-marneux avec des variations de structure et de faune, qu'il est important de signaler ici.

A Châtelneuf, par exemple, ainsi qu'au Franois, près de Ménétrux, et au cirque de Giron, près d'Étival, les calcaires et les marnes forment des lits assez réguliers où les concrétions sont relativement rares. La faune en est alors très riche en Lamellibranches, dont les principaux types sont, d'après M. Girardot :

Pleuromya tellina (Agassiz),
— *sinuosa* (Agassiz),
Pholadomya canaliculata (Rœm),
— *hemicardia* (Rœm),
— *paucicosta* (Rœm),
— *Tombecki* (P. de Loriol),
Homomya hortulana (Agassiz),
Mytilus fornicatus (Rœm),
Anatina striata (Agassiz),
Perna subplana (Et.),

Myoconcha perlonga (Et.),
Ostrea pulligera (Goldf).

C'est-à-dire tout un ensemble de fossiles à facies vaseux, auxquels s'associent quelques rares Gastéropodes, la *Rhynchonella pinguis*, et quelques-uns des Oursins caractéristiques du niveau.

Plus au sud-est, les couches deviennent grumeleuses et se trouvent constituées près du lac de Clairvaux, à Châtel-de-Joux, et du côté de Moirans, par des concrétions rugueuses, où les *Pholadomyes* sont moins nombreuses et où les fossiles qui tendent à prédominer sont les suivantes :

Pecten octocostatus (Rœm),
Lima halleyana (Et.),
Rhynchonella pinguis (Rœm),
Terebratula semifarcinata (Et.),
Serputa alligata (Et.),
toujours en compagnie de représentants plus ou moins nombreux du *Cidaris florigemma*, de l'*Hemicidaris crenularis*, etc.

Plus à l'est encore, vers Leschères et la Landoz, les marnes se montrent un instant schisteuses et forment de minces lits entre des marno-calcaires dont la faune est assez pauvre ; mais bientôt elles redeviennent noduleuses, et l'on touche à une zone assez riche en Ammonites et en Spongiaires étalés, qui s'amorce à Château-des-Prés, à la Côte de Valfin, au Pontet, à Septmoncel, à Molinges, pour se continuer par les Bouchoux, Apremont et Nantua, du côté du Colombier et des montagnes de la Savoie.

Les espèces principales d'Ammonites que l'on y peut alors rencontrer, sont, d'après les déterminations de M. Choffat :

Ammonites tortisulcatus (d'Orb.),
— *lingulatus* (Schl.),
— *Pichteri* (Opp.),
— *Marantianus* (d'Orb.).
— *bimammatus* (Qu.),
— *Achilles* (d'Orb.).

Elles y sont associées à la plupart des Brachiopodes et des Oursins précédemment cités.

Facies coralligène.

Quant au facies coralligène, bien qu'il n'apparaisse qu'en îlots et qu'il n'atteigne qu'un faible développement, il s'annonce généralement sur les bords de ces îlots par des oolithes qui deviennent de plus en plus blanchâtres à mesure que l'on s'approche du centre, et auxquelles succèdent des calcaires à Polypiers, dont les principaux sont des *Montlivaultia*, des *Thamnastrea*, des *Stylina* et des *Rhabdophyllia*.

La faune est alors, comme nous l'avons dit plus haut, riche en Oursins des types suivants :

Glypticus hieroglyphicus (Agass.),
Cidaris florigemma (Philipp.),
Hemicidaris crenularis (Lam.),
Stomechinus perlatus (Desm.),

avec Apiocrinites, Térébratules et Rhynchonelles voisines de la *Pinguis*, sans compter un certain nombre de *Lima* et de *Pecten*.

II

ASTARTIEN

Épaisseur. — Facies normal. — Facies coralligène.

Épaisseur.

L'Astartien, qui vient ensuite, présente aussi des variations sensibles d'épaisseur. Il peut mesurer de 45 à 50 mètres près de la Combe d'Ain ; plus de 50 au voisinage de Valfin, et de 55 à 60 vers Septmoncel, Viry, Oyonnax et Charix. Plus au sud, sa puissance diminue et tend à se réduire à une quarantaine de mètres.

Facies normal. — Sous son facies normal, qui est celui de Châtelneuf et de Loulle, il est principalement constitué par des calcaires dont la base alterne avec des marnes et des dolomies, et du milieu desquels émergent les îlots coralliens de Ney, de Pillemoine et de Châtelneuf. On sait que c'est dans son sein que M. Girardot a trouvé l'intéressant gisement de plantes fossiles des Crozets.

Plus à l'est et au sud, les marnes s'effacent assez rapidement. On n'en rencontre plus que quelques bancs à Morillon, au Frasnois et à Saugeot. Les oolithes prennent alors un développement graduellement croissant, et les dolomies acquièrent une importance de plus en plus sérieuse.

Facies coralligène. — Après les enclaves de Châtelneuf, de Pillemoine et de Ney, ce sont celles de Châtel-de-Joux, de Meussia et des environs de Saint-Pierre et de Saint-Laurent. Puis on arrive à l'Abbaye, à Chaux-des-Prés, à la Landoz et à Leschères, où le facies coralligène devient prédominant. Ce n'est plus, en effet, que suivant quelques zones, comme de Meussia aux Bouchoux et de Morillon vers Morez par la Combe David, que les assises conservent leur facies calcaréo-marneux avec la faune qui y correspond.

Facies à Céphalopodes. — On se trouve alors au maximum de développement de l'oolithe astartienne, qui mesure une trentaine de mètres au voisinage de la Rixouse, 35 au moins sur la Côte, et une quarantaine près de Viry. Au delà, vers l'est et le sud, son épaisseur diminue, et des marnes apparaissent à nouveau en offrant un mélange des espèces astartiennes de l'ouest et des types de couches à *Ammonites Polyplocus* de l'est et du midi. Bientôt, ces derniers types se multiplient pendant que les autres s'effacent, et on ne trouve bientôt plus, vers les dernières chaînes, que la faune à Ammonites à laquelle s'associent déjà, près de Saint-Claude, des Spongiaires analogues à ceux du Rauracien.

Faune du facies normal du nord-ouest.

Dans le facies qui domine près de Châtelneuf ou dans le facies normal du nord-ouest, la faune est la suivante :

A la base :

Natica hemispherica (Buv.),
— *globosa* (Rœm.),
Lima Astartina (Th.),
Ostrea bruntrutana (Th.),
Ostrea rastellaris (Sch.),
Terebratula Bauhini (Et.),
Waldheimia humeralis (Rœm.),
avec quelques débris de l'*Hemicidaris intermedia* de Forbes.

Vers le milieu :

Natica hemispherica (Buv.),
Pholadomya paucicosta (Rœm.),
Trigonia suprajurensis (Ag.),
Mytilus subpectinatus (d'Orb.),
Ostrea nana (Et.),
Waldheimia humeralis (Rœm),
avec quelques représentants de la *Rhynchonella pinguis* et quelques baguettes d'Oursins.

Au sommet :

Natica hemispherica (Buv.),
Pholadomya paucicosta (Rœm.).
Ceromya excentrica (Agassiz),
Avicula Gesneri (Th.),
Ostrea pulligera (Goldf.),
Waldheimia humeralis (Rœm.),

et plus rarement :

Pteroceras Oceani (Delob.),
Trichites Saussurei (Thurm.),
Rhynchonella pinguis (Rœm.).

Faune du facies coralligène.

Parmi ces types, la plupart de ceux qui appartiennent aux Lamellibranches s'effacent à mesure que l'on s'approche des enclaves coralligènes, et l'on voit se multiplier à leur place les *Diceras*, les Gastéropodes, les Brachiopodes et les Echinodermes.

La faune est alors la suivante :

Natica hemispherica (Rœm.),
— *millepora* (Buv.),
Nerinea Jollyana (d'Orb.),
— *Cassiope* (d'Orb.),
Diceras sinistra (Deshayes),
— *strangulatum* (Et.),
Cardium corallinum (Leym.).
Ostrea pulligera (Goldf.),
Waldheimia humeralis (Rœm.),
Terebratula Bauhini (Et.),
Rhynchonella pinguis (Rœm.),
Hemicidaris intermedia (Forbes),

avec rares *Cidaris florigemma* et débris souvent nombreux d'Encrinites, comme on peut le constater autour de certains îlots de Châtelneuf.

A cela s'ajoutent les divers Polypiers qui constituent la masse centrale des îlots et dont les principaux paraissent appartenir à la tribu des Stylinacées.

Faune du facies marneux à Céphalopodes.

Lorsqu'on passe du facies normal du nord-ouest au facies à Céphalopodes du sud-est, on voit que ce ne sont pas seulement les Lamellibranches, mais encore les Gastéropodes qui tendent à disparaître. L'association des Ammonites du groupe de l'*Ammonites Polyplocus* avec des types de la faune normale, est encore bien visible aux environs de Septmoncel et des Bouchoux, où l'on trouve :

Ammonites Acanthicus (Oppel.),
— *Lothari* (Oppel.),
— *Polyplocus* (Rœm.),
— *subinvolutus* (Mœsch.).
Natica hemispherica (Rœm.),
Pholadomya Protei (Agass.).

Ceromya excentrica (Volcz.),
Lucina rugosa (Rœm.),
Mytilus perplicatus (d'Orb.),
Waldheimia humeralis (Rœm.),
Rhynchonella pinguis (Rœm.),
et des radioles de *Cidaris*.

Mais, plus au sud-est, les Natices, les Pholadomyes, les Céromyes, les Lucines et les Mytilus s'effacent, tandis que les espèces d'Ammonites deviennent plus nombreuses. De tous les fossiles, celui qui paraît le mieux se maintenir est la *Waldheimia humeralis* (Rœm.), que nous avons trouvée dans tous les facies, et que l'on a eu raison d'envisager comme l'une des plus caractéristiques de l'étage astartien dans le Jura.

III

PTÉROCÉRIEN

Facies normal. — Facies coralligène. — Épaisseur.

Facies normal. — Quant au Ptérocérien qui continue la série, il est surtout formé de marnes et de calcaires grumeleux du côté de l'ouest et du nord, où sa faune est celle du Jura Bernois. Lorsqu'on s'avance vers le sud-est, il passe peu à peu, comme nos coupes le montrent, à une structure oolithique coralligène. La masse en est encore grisâtre et marneuse au Bourg de Sirod, à la coupure d'Entreporte et à Loulle; et rien, si ce n'est quelques rares organismes branchus, n'y annonce un facies coralligène. Mais on sait qu'à Syam, à Foncine, au Franois et près de Châtel-de-Joux, il se coupe d'enclaves oolithiques.

Celles-ci se multiplient à Morillon, à Saint-Pierre, à Chaux-des-Prés, à la Landoz, etc., puis elles envahissent presque toute la masse de

Fig. 9.

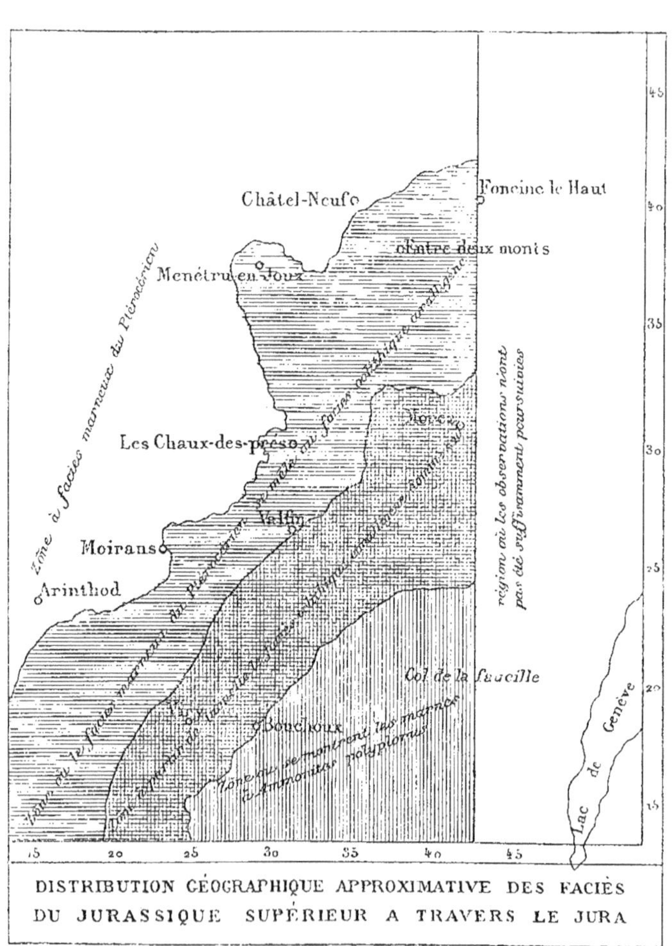

DISTRIBUTION GÉOGRAPHIQUE APPROXIMATIVE DES FACIÈS DU JURASSIQUE SUPÉRIEUR A TRAVERS LE JURA

l'étage, se soudent l'une à l'autre, et ne forment bientôt plus sur la Côte, sur les Roz et au Plan-d'Acier, qu'une seule masse où le Ptérocérien normal vient mourir en biseau.

Facies coralligène. — On atteint alors la ligne des grands récifs de Valfin, de Viry et d'Oyonnax; et, sans les enclaves à Ptérocères qui s'avancent de Morillon sur Morez, de Leschères sur les Bouchoux, de Moirans vers la forêt de Puthod, on en perdrait la trace. Mais, à son tour, l'oolithe s'atténue vers Septmoncel, le Haut-Crêt et Désertin, pour céder peu à peu la place en bas, à des assises à Ammonites, dont quelques-unes se mêlent aux Bouchoux à la faune Ptérocérienne de l'est.

(Voir la figure 8 (p. 82) et la figure 9 ci-jointe, où ces changements de facies sont grossièrement représentés.)

Épaisseur. — Quant à l'épaisseur que le Ptérocérien présente dans ce parcours à travers le Haut-Jura, il serait difficile de l'assigner exactement; car si nul étage n'est plus reconnaissable à sa faune, il en est peu dont les limites soient plus indécises.

On peut dire cependant qu'elle oscille entre 70 et 100 mètres. Plus puissante à Septmoncel, à Viry, à Désertin et au voisinage de Ménétrux, elle paraît au contraire s'affaiblir à Étival, à la Rixouse, aux escarpements de sur les Roz, sans qu'on puisse cependant trouver de connexions rigoureuses entre les changements de facies et les changements d'épaisseur.

Mais il en est tout autrement lorsqu'on envisage la faune, car il devient manifeste alors que l'on voit les types organiques se remplacer à mesure que le milieu se modifie.

Faune du facies normal.

Lorsqu'en effet on étudie cet étage vers le nord-ouest où il présente son plus beau développement, les fossiles que l'on y voit dominer sont les suivants :

Nautilus giganteus (Sow),
Natica Cireyensis (Tomb.) R.
— *dubia* (Rœmer) R.
— *turbiniformis* (Rœmer)

Pteroceras Thirriaï (Contejean).
— *Oceani* (Brongniart).
Alaria matronensis (P. de Loriol).
Pleuromya Voltzi (Ag.).
— *matronensis* (Tomb.).
Pholadomya clathrata (Munster).
— *Protei* (Defranc.).
— *truncata* (Goldfuss).
— *Tombecki* (P. de Loriol).
Ceromya excentrica (Agass.).
Trichites Saussurei (Th.).
Thracia incerta (Thurm.).
Thracia depressa (Morris).
Pecten Buchi (Rœm.).
Ostrea pulligera (Goldfuss).
Terebratula hastellata (Schloth).
— *insignis* (Schl.).
— *subsella* (Leymerie).
Cidaris glandifera (Goldfuss).

Faune de transition. — Mais, en marchant vers le sud-est, les Brachiopodes se multiplient, et l'on voit, en s'approchant de Valfin, les Nérinées, les Natices, les Lima, les Pecten et les Hinnites préparer à la faune de ce dernier récif. Par contre, les *Ptérocères* diminuent de nombre et de variétés, le *Cidaris glandifera* ne se montre que rarement et les *Trichites* deviennent plus difficiles à découvrir.

Il m'a semblé que c'était à peu près à partir de la ligne flexueuse qui passerait par Moirans, Étival, Prénovel, Saint-Pierre, les Frasses et Morbier, que les Ptérocères perdent la prépondérance pour la laisser aux Brachiopodes, à mesure que l'on se rapproche du ravin de Valfin.

La proximité de ce massif s'accuse par l'apparition de Nérinées, de *Diceras* et de quelques Polypiers qui envahissent le facies marneux. Le *Cidaris glandifera* perd rapidement de son importance pour ne se montrer bientôt qu'à l'état sporadique.

Les Pholadomyes font place aux Trigonies et aux Bivalves du genre *Cardium* et *Corbis*, et tout un peuple varié de Nérinées, de Térébratules, de Rhynchonelles, de *Pecten*, de *Lima*, de Natices, de Columbelles et de *Diceras*, annoncent qu'on est en plein facies coralligène.

Faune du facies coralligène.

Les fossiles alors dominants sont, parmi les Céphalopodes et les Gastéropodes :

1. *Belemnites diceratiana*, Et.
2. *Perisphynctes Danubiensis*, Schloss.
3. *Oppelia Valfinensis*, P. de Loriol.
4. *Aspidoceras sp.*, P. de Loriol.
5. *Acteon Valfinensis*, P. de Loriol.
6. *Acteonina Ogerieni*, P. de Loriol.
7. — *Miliola*, d'Orbigny.
8. — *lauretana*, d'Orbigny.
9. — *terebra*, Étallon.
10. — *acuta*, d'Orbigny.
11. — *achatina*, Buvignier.
12. *Cylindrites Etalloni*, P. de Loriol.
13. — *condati*, Guirand et Ogérien.
14. *Volvula Marcousana*, Guirand et Ogérien, P. de Loriol.
15. *Petersia bidentata*, Buvig.
16. — *Guirandi*, Piette.
17. *Columbellaria Aloysia*, Guirand et Ogérien.
18. *Purpuroidea Moreana*, Buvig.
19. — *Lapierrea* (Et).
20. — *gracilis*, P. de Loriol.
21. *Zittelia Oppeli*, Étallon.
22. — *victoria*, Guirand et Ogérien.
23. *Chenopus pustulosus*, Piette.
24. *Cyphosolenus tetracer*, d'Orbigny.
25. *Malapierria Ponti*, Piette.
26. — *Beaumonti?* Guirand.
27. *Harpagodes crassidigitata*, Piette.
28. *Diarthema Benoisti*, Guirand et Ogérien.
29. *Alaria Ogerieni*, Piette.
30. — *San Claudii*, Guirand et Ogérien.
31. *Ptygmatis Carpathica*, Zeuchner.
32. — *crassa*, Étallon.
33. — *Clio*, d'Orbigny.
34. — *Nogreti*, Guirand.
35. *Itieria Cabanetiana*, d'Orbigny.
36. — *Mosæ*, Deshayes.
37. *Nerinea turbatrix*, P. de Loriol.

38. *Nerinea dilatata* (Et).
39. — *incisa*, Étallon.
40. — *Thurmanii* (Et),
41. — *sculpta*, Étallon.
42. — *Defrancei* (Et).
43. — *binodosa*, Étallon.
44. — *Bourgeati*, P. de Loriol.
45. — *Bernardina*, d'Orbigny.
46. — *Jollyana*, d'Orbigny.
47. — *Mariæ*, d'Orbigny.
48. — *Calliope*, d'Orbigny.
49. — *Guirandi*, P. de Loriol.
50. — *Erato*, d'Orbigny.
51. — *canaliculata*, d'Orbigny.
52. — *turritella*, Woltz.
53. — *subelegans*, Étallon.
54. — *Chantrea*, P. de Loriol.
55. — *ornata*, d'Orbigny.
56. — *elatior*, d'Orbigny.
57. *Trochalia depressa*, Woltz.
58. *Aptyxiella retrogressa*, Étallon.
59. — *Valfinensis*, P. de Loriol.
60. — *Etalloni*, P. de Loriol.

Qui tous ont été déterminés par M. de Loriol, et dont plusieurs espèces sont communes entre Stramberg et le Jura. Puis viennent au second plan d'autres Gastéropodes également déterminés par M. de Loriol, et qui sont plus spéciaux à la région.

Nous en donnons ici la liste telle que cet éminent paléontologiste nous l'a transmise, mais en notant les réserves qu'il a cru devoir faire sur quelques-unes de ses déterminations.

Ces Gastéropodes sont les suivants :

1. *Cerythium Wrightii*, Étallon.
2. — *Bourgeati*, P. de Loriol.
3. — *Grimaldi*, Guirand et Ogérien.
4. — *Germaini*, Étallon.
5. — *nodosum*, M. Schlosser.
6. — *Josephense*, P. de Loriol.
7. — *Chantrei*, P. de Loriol.
8. — *Charpyi*, P. de Loriol.
9. — *rotundum*, Étallon.
10. — *Valfinensis*, P. de Loriol.
11. — *Schlosseri*, P. de Loriol.
12. — *Species nova*, P. de Loriol.

13. *Eustoma jurassense*, P. de Loriol.
14. *Exclissa Guirandi*, P. de Loriol.
15. *Pseudo-melania Clio*, d'Orbigny.
16. — *Biennensis*, Étallon.
17. — *Valfinensis*, P. de Loriol.
18. *Oonia Cornelia*, d'Orbigny.
19. — *Guirandi*, P. de Loriol.
20. *Rissoïna Valfinensis*, Guirand et Ogérien.
21. — *unicarina*, Étallon.
22. *Tylostoma corallinus*, Étallon.
23. *Natica amata*, d'Orbigny.
24. — *Fourneti*, Guirand et Ogérien.
25. — *hemispherica.*
26. — *Valfinensis*, P. de Loriol.
27. — *Guirandi*, P. de Loriol.
28. *Neritopsis Cottaldina*, d'Orbigny.
29. — *imbricata*, Étallon.
30. — *Buchini*, Guirand et Ogérien.
31. — *Rutyi*, Guirand et Ogérien.
32. *Nerita crassa*, Étallon.
33. *Pileolus sublævis* (Boy).
34. — *Valfinensis*, P. de Loriol.
35. *Chilodonta clathrata*, Étallon.
36. — *Bayani*, P. de Loriol.
37. *Teinostoma Valfinensis*, P. de Loriol.
38. *Odonto-Turbo delicatulun*, P. de Loriol.
39. *Turbo Bourgeati*, P. de Loriol.
40. — *Bonjouri*, Étallon.
41. — *crispicans*, P. de Loriol.
42. — *Paschasius*, Guirand et Ogérien.
43. — *Dumasius*, Guirand et Ogérien.
44. — *Valfinensis*, Étallon.
45. — *dedaleus*, d'Orbigny.
46. — *crassiplicatus*, Étallon.
47. *Delphinula Chantrei*, P. de Loriol.
48. — *Ogerieni*, P. de Loriol.
49. *Rimula Etalloni*, P. de Loriol.
50. — *phrygia*, Étallon.
51. — *Jurensis*, Étallon.
52. *Emarginula Parandieri*, Guirand et Ogérien.
53. *Fissurella Defranousi*, Guirand et Ogérien.
54. *Helcion Valfinensis*, P. de Loriol.
55. *Scurria sublœvis* (Buvig.).
56. *Pleurotomaria Guirandi*, P. de Loriol.
57. — *Valfinensis*, P. de Loriol.
58. — *Charpyi*, P. de Loriol.
59. — *Orion*, d'Orbigny.

60. *Ditremaria Hermitei*, P. de Loriol.
61. *Trochotoma auris*, Zittel.
62. — *mastoidea* (Étall.).

Quant aux Lamellibranches et aux Brachiopodes, voici les principaux, dont un certain nombre se retrouvent à Saint-Mihiel :

Ceromya excentrica (Agassiz).
Pholadomya Tombecki (P. de L.).
Thracia Tombecki (P. de L.).
Cyprina birostrata (P. de L.).
Anisocordia isocardina (Buvign.)
Isocardia cornuta (Klœd).
Cardium intextum (Munster).
— *corallinum* (Leymerie).
Unicardium excentricum (d'Orb.).
Corbis polita, Buv. (Saint-Mihiel).
— *scobinella*, Buv. (Saint-Mihiel).
— *umbonata*, Buv. (Saint-Mihiel).
— *Sigueri*, Buv. (Saint-Mihiel).
— *lævis*, Buv. (Saint-Mihiel).
— *Moreana*, Buv. (Saint-Mihiel.).
Corbicella cordiformis, Buv. (Saint-Mihiel).
— *Moreana*, Buv.
Fimbria trapezina, Buv.
— *subclathrata* (Th.).
Lucina portlandica, Sow.
— *cardinalis* (de Loriol).
— *Royeri* (P. de L.).
Cardita incurva, Buv. (Saint-Mihiel).
Astarte pseudolævis (d'Orb.).
— *Desoriana* (de Loriol).
Trigonia truncata? (Agassiz).
— *Boloniensis* (de Loriol).
— *Matronensis* (P. de L.).
— *Tombecki* (P. de L.).
Nucula ancervillensis (P. de L.).
Avicula Gessneri (Thurman).
Arca texta (Rœmer).
— *rhomboïdalis* (Ctj.).
Mytilus Thevenini (Ogérien).
Perna Bayani (P. de L.).
Lima Bonanomii (P. de L.).
— *Meriani* (Étall.).
— *Magdalena* (Buv.).
— *halleyana* (Étall.).
— *corallina* (Thurmann).

Pecten Grenieri (Ctj.).
— *suprajurensis* (Buv.).
— *Veziani* (Ét.).
— *astartinus* (Ét.).
— *Greppini* (Ét.).
Ostrea spiralis (d'Orb.).
— *pulligera* (Goldf.).
— *Bruntrutana* (Th.).
— *cotyledon* (Ctj.)
— *semisolitaria* (Ét.).
Terebratula subsella (Leym.).
Rhynchonella semi-constans (Étall.).
— *pinguis* (Opp.).

A cela s'ajoutent les *Diceras* suivants :

Diceras Buvignieri, Bayle.
— *Moreauni*, Et.
— *ursicina*, Thurm.
— *Cotteauni*, Bayle.
— *Monsbeliardensis*, Ctj.
— *Sanctæ Verenæ*, Greal.
— *sinistrum*, Deshayes.
— *eximium*, Bayle.
— *strangulatum*, It.
— *Münsteri*, Goldfuss.
— *angulatum*, Bayle.
— *Luci*, Defrance.
— *speciosum*, Goldfuss.

Sur lesquels le *Münsteri* et le *Speciosum* sont de beaucoup les plus abondants et caractérisent la formation.

Les autres se trouvent moins souvent, et leur rareté à Valfin montre qu'il ne faut pas placer cette oolithe de Valfin absolument sur le même niveau que celles de Coulanges et de Saint-Mihiel, où la plupart abondent.

Parmi les Échinodermes, il faut citer, outre de nombreuses tiges d'Apiocrinites :

Hemicidaris Agassizi (D.).
— *intermedia* (Péron).
Magnosia Biturgensis (Cotteau).
Acrocidaris nobilis (Agassiz).
Rabdocidaris Orbignyi (Desor).
Cidaris glandifera (Goldfuss).
Glypticus Lamberti (Cotteau).
Acropeltis æquituberlucata (Agassiz).

Qui se rencontrent dans la collection de Monneret et qui y ont été déterminés par M. Perron.

A cette liste il conviendrait d'ajouter celle des Polypiers que présentent les diverses lentilles coralligènes; mais nos connaissances sur ces organismes sont encore trop incomplètes pour qu'il soit possible de les signaler tous. Nous nous contenterons seulement ici de faire connaître ceux que nous avons pu déterminer d'après les figures et les descriptions de M. Koby.

Ce sont, dans la tribu des Euphylliacées :

Pachygira Choffati (Koby).
— *caudata* (Étalon).
— *Cotteaui* (Étal.).
Aplosmilia nuda (d'Orb., Étal.).
— *semisulcata* (Michelin).
— *aspersa* (Étal.).
Stylosmilia corallina (Koby).
— *Michelini* (Étal.).
Dendrogyra angustata (d'Orbigny, Étal.).
— *rastellina* (Étal.).
— *Thurmanii* (Étal., Thurm.).

Dans celle des Stylinacées :

Stylosmilia corallina (Koby).
— *Michelini* (Étal.).
Heliocœnia corallina (Koby).
— *variabilis* (Étal.).
— *Humberti* (Étal.).
Diplocœnia cæspitosa (Étal.).
— *lobata* (Koby).
Stylina tubulifera (Philipp., Thurm., Étal.).
— *excelsa* (Étal.).
— *punctata* (Koby).
— *Valfinensis* (Étal.).
Cryptocœnia Cartieri (Koby).
— *tabulata* (Koby).
— *octonaria* (d'Orbigny).
— *decipiens* (Koby).
— *limbata* (Goldfuss, Koby).
— *Thiessingii* (Koby).
Cystophora Bourguetti (Defrance).
— *depravata* (Étal.).

Couvexastrea (douteux).
Psamocœnia (douteux).

Dans celle des Lithophylliacées :

Montlivaultia Valfinensis (Étal.).
— *Lotharingica* (Étal.).
— *Laufonensis* (Koby)
— *Etalonii* (Koby).
Cladophylla Picteti (Étal.).
— *Thurmanii* (Étal.).
Calamophyllia furcata (Koby).
— *flabellum* (Koby).
— *Etalonii* (Koby).
Favia Michelini (Koby).
— *ornata* (Koby).
— *striatula* (Koby).
Chorisastrea Thurmanii (Koby).
— *crassa* (Koby).
— *Caquerellensis* (Koby).
Latimeandra irregularis (Koby).
— *Valfinensis* (Koby).
— *contacta* (Koby).
— *Mayeri* (Koby).
— *Amedeï* (Koby).
— *Gresslyi* (Koby).
— *Rastelliniformis* (Koby).
— *Salinensis* (Koby).
— *Lotharingica* (Koby).
Isastrea propinqua (Étal.).
— *helianthoïdes* (Goldfuss).
Stephanocœnia trochiformis (Étal.).
— *Romulifera* (Koby).
Thamnastrea arachnoïdes (Étal.).
— *Coquandi* (Étal.).

et de plus un grand nombre de Thecoseris.

On voit que ces espèces sont à peu près celles qu'Étalon signalait déjà en 1859, dans ses études paléontologiques sur le Haut-Jura ; et, sous ce rapport, nous ne faisons qu'ajouter peu de choses à son remarquable travail. Seulement, après avoir attentivement observé les divers récifs coralligènes et en particulier celui de Valfin, nous ne pouvons être toujours de son avis en ce qui touche leur degré de fréquence ou de rareté.

Il y cite, en effet, comme assez rares les *Isastrea*, la plupart des

Latimeandra (*microphylla*), les *Diplocœnia*, beaucoup de *Stylina* et de *Montlivaultia*, tandis que ces types nous y paraissent, au contraire, assez abondamment répandus. Sans entrer dans des détails qui seraient trop ennuyeux, nous croyons devoir dire que, parmi les genres cités, ceux qui viennent en première ligne pour la fréquence sont :

Les *Stylina*, surtout l'*Excelsa ;*
Les *Dendrogyra*, surtout l'*Angustata* et la *Rastellina ;*
Les *Cryptocœnia*, surtout la *Tabulata*, l'*Octonaria*, la *Limbata ;*
Les *Latimeandra*, surtout l'*Irregularis.*

Il faudrait nommer ensuite :

Les *Calamophyllia*, surtout la *Furcata ;*
Les *Montlivaultia*, surtout le *Lotharingica ;*
Presque tous les *Diplocœnia* cités ;
Presque tous les *Pachygyra* signalés ;
Presque tous les *Aplosmilia* signalés ;
Beaucoup de *Favia*, surtout le *Michelini :*
Beaucoup d'*Aplosmilia ;*
Un certain nombre d'*Isastrea.*

Les types plus rares seraient alors :

Les *Heliocœnia*,
Les *Cladophyllia*,
Les *Stephanocœnia*,
Les *Chorisastrea*,
Les *Thecosmilia*,
Les *Stylosmilia*,
Les *Cyathophora*,
Les *Thamnastrea.*

Mais le degré d'abondance ou de rareté des types ne dit rien de leur rôle édificateur, et tel d'entre eux qui n'est que peu répandu peut, s'il émet de grands rameaux, jouer un rôle plus important dans la structure d'un récif, qu'un type plus commun, mais moins rameux.

Il nous a semblé que, dans la plupart des îlots coralligènes et spécialement à Valfin, il n'est pas de genre qui ait laissé plus de débris que les *Aplosmilia.* Les grands buissons qu'ils ont édifiés présentent, en effet, un volume auquel on ne saurait comparer le polypiérite isolé d'une *Montlivaultia*. J'en ai vu, soit à Roche-Blanche, soit sur la route de Saint-Claude à Valfin, qui mesuraient plus de 3 mètres cubes de puissance.

Après ce type, il faudrait citer :

Les *Latimeandra*,
Les *Calamophyllia*,
Les *Stylosmilia*,
Les *Cryptocœnia*,
Les *Dendrogyra*,
Les *Pachygyra*,
Les *Stephanocœnia* ;

puis :

Les *Stylina*,
Les *Isastrea*,
Les *Chorisastrea*,
Les *Diplocœnia*.

Puis, enfin, le reste des types, en plaçant en tout dernier lieu les *Montlivaultia* et les *Thecosmilia*.

Les premiers qui se présentent en venant du facies marneux vers le récif, sont les *Isastrea*, les *Thamnastrea*, quelques *Stylina*, comme on peut le constater à la Landoz et à Chaux-des-Prés. On voit ensuite apparaître les *Cryptocœnia*, les *Cladophyllia*, les *Latimeandra*, les *Diplocœnia*, et ce n'est guère que lorsqu'on est dans l'oolithe tout à fait blanche que les *Aplosmilia*, les *Montlivaultia*, les *Pachygyra* et les *Dendrogyra* se montrent. Plus loin, vers l'est, les genres disparaissent à mesure que le calcaire compact envahit le niveau ; mais je ne saurais dire lesquels s'effacent les premiers. Il m'a paru qu'en général les formes branchues subsistaient moins longtemps que les formes rondes.

Ces dernières sont, en effet, dominantes à Orcières, alors que les premières sont peu communes. Mais les grands Polypiers branchus reparaissent en abondance aux récifs de Viry et d'Oyonnax, et les membres de la Société géologique n'ont pas oublié les magnifiques buissons qu'ils forment, en particulier vis-à-vis le cirque de Vulvoz.

IV

VIRGULIEN

Facies normal. — Facies coralligène. — Épaisseur.

Facies normal.

Pour ce qui est du Virgulien, on sait qu'il se reconnaît à un ou deux niveaux marneux qui contiennent des débris de l'*Ostrea Virgula*, et qui ont été signalés d'abord par M. Choffat près de Ménétrux. M. Bertrand les a ensuite étudiés dans une étendue notable de la chaîne, et j'ai pu les suivre assez loin vers le sud-ouest pour pouvoir ajouter de nouveaux documents aux observations de ces éminents naturalistes.

Assez communément les deux niveaux se rencontrent vers l'ouest, où ils sont formés de marnes bleuâtres à texture grossière, au sein desquelles apparaissent de petites taches rougeâtres de la grosseur d'une tête d'épingle. C'est dans ces conditions qu'ils se montrent aux escarpements de Ménétrux, à ceux de Petites-Chiettes, à la cluse de la Laime, près du Rizoux, sur le chemin de Morez aux Repentis et sur la route de Morez à Valfin.

Mais quand on s'avance vers Saint-Claude et Charix, des deux niveaux le plus inférieur tend à s'effacer. On n'en retrouve, en effet, plus que quelques vestiges à Chaux-des-Prés, à la Landoz, à la Côte de Valfin, aux escarpements de Sous-Mamoncé et de Noire-Combe, à Cinquétral et vers Saint-Joseph. Il est même des localités, comme celles d'Étival, de Leschères et de Septmoncel, où ce niveau paraît totalement manquer, et où, par le fait, l'*Ostrea Virgula*, qui lui correspond, ne se rencontre plus. Mais le niveau supérieur se maintient presque toujours et se reconnaît assez vite aux taches rougeâtres qu'il présente. On le remarque très bien, soit à Chaux-des-Prés, soit à la Landoz, soit à Leschères, soit à Viry, soit à Désertin, soit même enfin près de Charix, où il se réduit cependant beaucoup.

Les recherches faites dans les environs de Saint-Claude avaient pu laisser croire que là son fossile caractéristique, l'*Ostrea Virgula*, cessait de se montrer. Mais les travaux récents du chemin de fer, en ouvrant la tranchée du Plan-d'Acier aux côtes d'Avignon, sont venus démontrer le contraire. Il y a là, en effet, comme la coupe que nous avons donnée le démontre, un assez grand nombre d'*Ostrea Virgula*. Faut-il croire que ce dernier fossile se poursuit régulièrement jusqu'à l'exploitation des schistes d'Orbagnoux, où M. Pillet l'a signalé? C'est là une question qui, pour être résolue, demanderait de très longues recherches. Tout ce que je puis dire maintenant est que, si le niveau marneux supérieur ne s'efface guère, sa richesse en *Ostrea* n'est cependant point constante. Il en renferme beaucoup plus au nord-ouest de Saint-Claude que du côté de la perte du Rhône. Au Frasnois déjà, il semble que ce dernier fossile soit remplacé par de petits bivalves du groupe des Mytilus et des Cyrènes. Près de Chaux-des-Prés, c'est la *Fimbria subclathrata* et l'*Ostrea spiralis* qui deviennent prédominantes. A la Landoz, au chalet de Sur-la-Côte et à Cinquétral, la faune de Bivalves est un peu plus variée qu'aux localités précédentes et se mêle de petits Gastéropodes. Elle présente alors, outre ces Gastéropodes, les espèces suivantes :

Faune du facies normal.

Unicardium excentricum (d'Orbigny).
Cardium Banneianum (Th.).
— *Morinicum* (de Loriol).
Trigonia Pellati (Munier).
— *suprajurensis* (Agassiz).
Fimbria subclathrata (Th.).
Lucina cardinalis (Aj.).
— *Portlandica* (Sow.).
Pecten Grenieri (Aj.).
— *suprajurensis* (Buv.).
Thracia Tombecki (de Loriol).
Ostrea spiralis (d'Orbig.).
Terebratula subsella (Leym.).
Hemicidaris purbeckiensis (Forbes).

Ces formes semblent s'effacer près des Bouchoux et de Désertin, où l'*Ostrea Virgula* redevient visible. On n'y retrouve plus guère, en effet, que le *Cardium Banneianum*, des *Pecten* et l'*Ostrea spiralis*. Je dois dire que, ni à Champformier, ni à Échallon, je n'ai pu encore trouver ces fossiles bien reconnaissables.

Le dépôt des marnes virguliennes n'atteint, du reste, qu'une épaisseur médiocre par rapport aux autres formations ; c'est à peine si chacun des niveaux, dans sa phase de plus grand développement, arrive à 4 mètres de puissance. L'oolithe coralligène et les calcaires plus ou moins compacts signalés dans les coupes constituent le reste de cet étage et en portent l'épaisseur à une vingtaine de mètres. Les calcaires sont généralement dépourvus de fossiles, mais il n'en est pas de même de l'oolithe dont la faune est intéressante à suivre.

Facies oolithique coralligène et sa faune.

On sait que cette oolithe, faiblement accusée vers l'ouest dans les affleurements de Syam et de Pont-de-la-Chaux, augmente progressivement de puissance à mesure que l'on s'avance vers Charix, où elle ne mesure guère moins d'une quarantaine de mètres d'épaisseur. Il est naturel de supposer que la faune suit à peu près la même loi et que, pauvre où l'oolithe se réduit à une assise ou deux, elle devient beaucoup plus riche lorsque ce facies envahit des épaisseurs considérables et correspond, par le fait, à une plus grande durée dans le temps. Aussi n'y ai-je encore trouvé à Syam et dans la vallée de la Laime que quelques débris indéterminables de Bivalves et de Nérinées, avec des exemplaires rares et frustes d'une petite Térébratule voisine de la *Terebratula subsella*. A la Landoz et à l'Abbaye, où l'épaisseur de l'oolithe est déjà de 2 à 3 mètres, les Térébratules sont plus abondantes et en meilleur état de conservation. On peut y reconnaître des tests de *Cyprina globula* et de *Ptygmatis pseudo-bruntrutana*.

A la route de Morez, ainsi qu'à la bifurcation du vieux et du nouveau chemin de la Pontoise, où cette oolithe mesure de 6 à 7 mètres, les *Ptygmatis* restent rares ; mais les Térébratules se multiplient avec les *Cyprina globula*. On voit apparaître aussi quelques exemplaires du *Mytilus longævus* et du *Nerinea Gosæ*. Un peu plus au sud-est, à Noire-Combe, à la Crozatte et près du chalet de Sur-la-Côte, c'est-à-dire immédiatement au-dessus du ravin classique de Valfin, la richesse de la faune augmente encore avec l'épaisseur de l'oolithe qui, cette fois, est comprise entre 8 et 15 mètres.

J'ai déjà fait connaître quelques-uns des fossiles de la Crozatte; ce sont les Bivalves qui suivent :

Lucina cardinalis, Ctj.
— *portlandica*, Sow.
Unicardium excentricum, d'Orbig.
Pecten Grenieri, Ctj.
— *suprajurensis*, Buvig.
Thracia Tombecki, P. de Loriol.

Je puis y ajouter aujourd'hui :

Ptygmatis pseudo-bruntrutana, Zitt.
Cyprina lineata, Ctj.
— *globula*, Ctj.
Astarte Desoriana, Cotteau.
Lima Bonanomii, Et.
Arca rustica, Ctj.
Ostrea semisolitaria, Ét.

Et, en outre, quelques tests de *Diceras* indéterminables, et des exemplaires nombreux de la petite Térébratule de Syam et de la cassure de la Laime.

A Noire-Combe, la faune est à peu près identique, avec cette différence toutefois que le *Cyprina globula* et l'*Astarte Desoriana* y paraissent plus abondants. Quant au Chalet, où l'on s'en tenait à la seule bande d'oolithe qui l'avoisine, on ne trouverait en plus que quelques exemplaires de l'*Hinnites Hautcœuri* (Dolfuss); mais si l'on suit cette oolithe le long de la côte, on y recueille la faune qui suit :

Natica phasianelloïdes, d'Orb.
Nerinea Desvoydii, d'Orbigny.
— *Defrancei*, variété *posthuma*, Zittel.
— *Lorioli*, Pictet.
Itiera pygmea, Zitt.
Ptygmatis carpatica, Zitt.
Astarte curvirostris, Rœm.
— *vallonia*, de Loriol.
— *Desoriana*, Cotteau.

Corbis subclathrata, Thurm.
Corbicella moreana, Buvig.
Isocardia striata, d'Orb.
Cyprina lineata, Ctj.
— *globula*, Ctj.
Arca rustica, Ctj.
Mytilus longævus, Ctj.
Anomia suprajurensis, Buvig.
Hinnites Hautcœuri, Dolfuss.
Terebratula subsella, Leymerie.

Plus au sud-ouest encore, vient l'affleurement de la Granche-Roche où l'oolithe virgulienne dépasse 15 mètres de puissance. La faune y est celle de la Côte, avec moins grande abondance toutefois de *Cyprina* et de *Mytilus*, mais avec un nombre assez considérable de fossiles nouveaux, qui sont :

Diceras monsbeliardensis, Ctj.
— *suprajurensis*, Thurm.
— voisin du *Münsterii*.
Nerinea Partchii, Peter.
Ostrea langii, Et.
— *semisolitaria*, Et.
— *solitaria*, Sow.
Unicardium excentricum, d'Orb.
Lima rhomboïdalis, Ctj.
Lucina cardinalis, Ctj.
Trigonia suprajurensis, Og.
Rhynchonella Astieri, Favre.
Hemicidaris purbeckiensis, Forbes.

Enfin, près de Saint-Claude, se montrent des affleurements de Saint-Joseph et de Montépile, qui dépassent de 5 à 6 mètres l'épaisseur des précédents. Ils m'ont donné à peu près la même faune, si ce n'est qu'à Saint-Joseph, les Gastéropodes et les Diceras sont moins nombreux à l'avantage des Bivalves, tandis qu'à Montépile, ce sont les petites Térébratules qui ont la suprématie. De tout cela, on peut conclure que, dans le voisinage de Saint-Claude, les espèces de Mollusques se multiplient à mesure que la puissance des couches oolithiques augmente.

Il en est à peu près de même des Polypiers, dont les formes, rares au nord-ouest de Saint-Claude, deviennent progressivement plus nombreuses et plus belles à mesure qu'on s'avance vers le sud et l'est. A Syam et dans la vallée de la Laime, c'est à peine si l'on peut en découvrir quelques représentants dans de rares tiges dichotomées de la grosseur d'un brin de paille et d'une longueur d'un centimètre ou deux. Près de Morez, de la Rixouse et de Valfin, ces tiges pullulent et font quasi lumachelle à la partie supérieure de l'oolithe, où elles se trouvent accompagnées d'*Astrea*, de *Stylina*, etc. A la Grande-Roche et à Montépile, l'abondance des *Astrea* et des *Stylina* est déjà telle, que quelques bancs en deviennent tout à fait saccharoïdes. Je puis signaler surtout, à la Grande-Roche, un beau polypier rond qui n'est pas rare dans l'oolithe supérieure de Charix et dont la masse s'exfolie comme un oignon par petites lames concentriques.

Lorsqu'on examine maintenant d'un peu plus près la distribution spéciale des fossiles dans l'ensemble de la formation, on voit qu'ils ne se trouvent pas indifféremment à tous les niveaux. Les Lucines et les Hinnites appartiennent surtout à la base de l'oolithe; les Ptygmatis, les Dicères, les Nérinées et les Polypiers massifs, aux assises moyennes; les petites Térébratules et les Polypiers branchus, aux assises supérieures. Quant aux Mytiles et aux Cyprines, elles semblent avoir choisi pour habitat les couches où la transition est insensible entre l'oolithe et les dépôts dolomitiques qui les surmontent. Où ceux-ci sont plus rares, les Mytiles et les Cyprines sont aussi plus difficiles à trouver.

V

PORTLANDIEN

Facies normal. — Facies coralligène. — Épaisseur Réduction vers le sud-ouest.

Facies normal.

Si nous envisageons enfin le Portlandien qui termine la série, nous remarquerons que, sous son facies normal, il est surtout constitué par des calcaires compacts et des dolomies. Les calcaires compacts se rencontrent principalement vers la base et sont puissamment développés depuis la limite occidentale du Grandvaux, jusqu'à la banlieue de Saint-Claude, où ils forment de très beaux escarpements et fournissent une pierre de taille estimée. C'est là, en effet, que sont ouvertes les carrières bien connues de la Rixouse, de Saint-Claude et du voisinage de Lavans.

La base en est riche en *Nerinea trinodosa*, qui y font lumachelle à plusieurs niveaux, mais surtout dans les assises qui surmontent presque immédiatement le Virgulien.

Il est rare, toutefois, que ces Gastéropodes soient bien conservés, et le plus souvent on n'en rencontre que la columelle ou le moule altéré. Plus près du sommet se montrent l'*Ammonites Gigas*, la *Cyprina Brongniarti* et ces gros Ptérocères dont il a été plusieurs fois fait mention dans nos coupes. Il est nécessaire toutefois, pour les découvrir, d'observer non pas la tranche, mais la surface des couches où les agents atmosphériques les ont mis en saillie en dénudant la roche sous-jacente. Ce n'est, en effet, que sous ces conditions que j'ai pu les découvrir sans trop de recherches aux localités où ils sont signalés. Il est à remarquer aussi que souvent, à la surface de ces bancs calcaires, on rencontre des impressions tortueuses sur lesquelles nous aurons à revenir plus loin.

Pour ce qui est des dolomies, on sait depuis longtemps et j'ai constaté moi-même qu'elles sont principalement développées vers le sommet du Portlandien, et qu'elles y préparent peu à peu à la faune d'eau douce du Purbeckien. Mais elles ne s'y rencontrent pas d'une façon absolument exclusive, et elles apparaissent déjà à plusieurs reprises à la base de la formation et surtout au niveau des calcaires à *Cyprina*. On peut voir, en effet, que, sur plusieurs points, ces calcaires à *Cyprina* sont assez riches en enclaves dolomitiques et que par contre, soit à la Landoz, soit à Ménétrux, soit à Château-des-Prés, soit à Montépile, on voit les dolomies culminantes se couper de calcaires à *Cyrena rugosa* avec des Nérinées noduleuses et quelques Ptérocères à larges ailes.

Si cependant on compare entre elles les différentes coupes, on voit qu'il y a un certain nombre de localités, telles que celles de Chaux-des-Prés, de Château-des-Prés, des Crozets, de la Landoz, de Leschères, de sur la côte de Valfin, de Sur-les-Roz, de la Rixouse, des Repentis, de Cinquétral et de Viry, où les dolomies sont plus abondantes qu'ailleurs et où elles donnent même lieu, comme près de Vichaumois et de Prémanon, à une exploitation assez active.

Il en faut conclure qu'en ces dernières localités, c'est-à-dire suivant une bande de terrain qui aurait pour centre la Rixouse et qui s'étendrait en écharpe sur le Jura, depuis Morez jusque près des Crozets, les conditions de dépôts des dernières assises Portlandiennes ne furent pas les mêmes que dans les parties avoisinantes. Lorsque, du reste, on en examine la faune, on voit que c'est aussi suivant cette bande ou sur ses bords qu'elle est le plus riche en espèces. A l'ouest surtout, les traces d'organismes sont plus difficiles à trouver.

Faune du facies normal.

Voici les principaux fossiles de ce facies normal :

Ammonites Gigas (Zieten).
Nerinea trinodosa (Woltz).
Natica Vacuolaris (de Loriol).
— *Marcousana* (d'Orbigny).
— *ancervillensis* (de Loriol).
Thracia incerta (Th.).
— *Tombecki* (de Loriol).

Cyprina Brongniarti (Rœm).
Trigonia Boloniensis (de Loriol).
— *Etallonii* (de Loriol).
Mytilus Morrisii (Scharp).
Arca texta (Rœm).
Terebratula subsella (Leym.).
Hemicidaris purbeckiensis (Forbes).

Facies coralligène.

On sait que, dans cet étage Portlandien, le facies coralligène ne se présente qu'en enclaves très faibles qui rappellent les premières amorces des facies coralligènes des étages précédents. On comprend que, dans ces conditions, il n'y ait pas lieu de s'y arrêter longuement. A Valfin comme à Viry, où les enclaves se montrent le mieux, leur bord se fond avec les calcaires compacts encaissants, et ce n'est que peu à peu, à mesure que l'on s'avance vers leur centre, que les oolithes se développent et que l'on aperçoit quelques petits buissons saccharoïdes de Polypiers.

Faune. — Beaucoup de ces derniers paraissent appartenir encore à la tribu des Stylinacées, et ils sont accompagnés d'une faune où ce sont surtout les Gastéropodes qui dominent.

Cette faune est la suivante, si je crois pouvoir m'en rapporter à des déterminations que j'ai faites sur des exemplaires assez frustres recueillis à Valfin et à Viry :

Natica Marcousana (d'Orbigny).
— *Vacuolaris* (de Loriol).
— *ancervillensis* (de Loriol).
Nerinea trinodosa (Woletz).
— *depressa* (d'Orbigny).
— *Salinensis* (d'Orbigny).
— *Bernardina* (d'Orbigny).
Trigonia Etallonii (de Loriol).
Thracia Tombecki (de Loriol).
Mytilus Morrisii (Scharpe).

avec de nombreux débris d'un *Diceras*, qui m'a paru voisin du *Diceras suprajurensis* de Thurmann.

Épaisseur. — Mais ce que cet étage présente de plus important, ce sont ses variations d'épaisseur en allant de l'ouest à l'est. Il suffit, pour en juger, de regarder à quelle distance de son sommet se trouve le Ptérocérien.

Nos coupes le montrent :

à 60 mètres, à Ménétrux ;
— 62 — à Saut-Girard et Saugeot ;
— 55 — à Étival ;
— 50 — aux Crozets ;
— 72 — à Foncine-le-Haut ;
— 80 — au Pont de Laime ;
entre 70 et 96 mètres, à Chaux-des-Prés ;
à 90 mètres, à Château-des-Prés et à la Landoz ;
— 102 — à la Rixouse ;
— 100 — à Désertin ;
— 128 — aux Bouchoux.

En sorte qu'en déduisant de là les 20 à 25 mètres qui constituent le niveau si constant du Virgulien, on passe d'une puissance d'une trentaine de mètres à une puissance de près de 80 mètres, à mesure que l'on s'éloigne de la combe d'Ain, pour s'avancer vers l'est.

Est-ce que ce faible développement du côté de la Combe d'Ain est le résultat d'une simple érosion, ou bien faut-il y voir l'indice d'une émersion qui se serait accusée vers l'ouest déjà durant le dépôt de ce terrain, et aurait préparé peu à peu le bassin Purbeckien des Hautes-Chaînes ?

Telle fut la question que l'on se posa plusieurs fois durant la réunion de la Société géologique dans le Jura. J'opinai alors pour la seconde solution, mais sans pouvoir en donner d'autres preuves que les caractères littoraux de l'ensemble des formations jurassiques de l'ouest. Les courses que j'ai faites depuis près d'Arinthod et de Saint-Julien, sont venues confirmer ma manière de voir, car voici ce que j'y ai remarqué dans cette direction en partant des environs de Vescles.

Si l'on se dirige, en effet, de ce village vers Cézia, on gravit d'abord une vieille charrière qui suit l'inclinaison des dernières couches supérieures du Jurassique ; puis, l'inclinaison s'accentuant davantage, on quitte le chemin pour prendre un sentier qui conduit à la petite vallée du Bourbouillon, où ces couches se sont ouvertes pour laisser apparaître l'Oxfordien. Continuant vers l'ouest, on repasse au Jurassique supérieur, qui descend vers la Valouse pour remonter ensuite du côté de Genod. Ces couches de Jurassique présentent par hasard, au-dessus de Cézia, et à peu près au point où l'on arrive en vue des maisons du village, un tout petit renversement en forme de V, au milieu duquel sont prises des marnes bleuâtres, puis des calcaires fragmentés, puis enfin des marnes rousses, comme l'indique la figure ci-contre.

FIG. 10.

Coupe menée de la petite Combe de Bourbouillon à Genod, à travers le Jurassique supérieur.

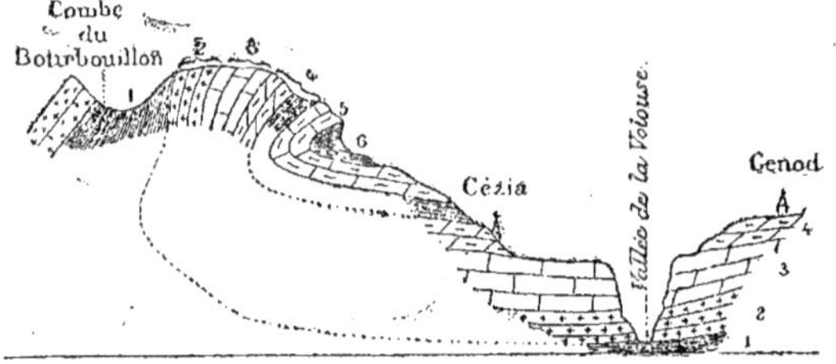

1. Oxfordien.
2 et 3. Rauracien et Astartien.
4. Ptérocérien calcaire et marneux.
5. Jurassique supérieur fragmenté.
6. Marnes rousses d'Hauterive à *Ostrea Couloni.*

Je n'ai pas eu de peine à retrouver dans les marnes la faune caractéristique du Ptérocérien, savoir : *Pteroceras Oceani, Pholadomya Protei, Ceromya excentrica, Ostrea pulligera* et *Terebratula subsella*. Le calcaire fragmenté à stratification très confuse ne m'a rien fourni ; mais, dans les marnes rousses, j'ai découvert de très beaux et de très nombreux exemplaires de l'*Ostrea Couloni*. Il n'y a donc là, entre le Ptérocérien parfaitement reconnaissable et l'Hauterivien également bien accusé, que 20 à 30 mètres au plus d'un calcaire que sa structure compacte, sa couleur blanchâtre et sa stratification en bancs épais ne permettent pas d'attribuer à une autre série qu'à celle du Jurassique, et dont la faible épaisseur n'est sûrement pas due à une érosion postérieure à l'Hauterivien. Il en faut naturellement conclure que le Jurassique supérieur était fort réduit en ce point lorsque la mer crétacée y déposa ses sédiments.

Il en était, ce me semble, de même au-dessous de la traînée de Crétacé qui s'étend de là vers l'ouest par Lains, Saint-Julien et le château d'Andelot. En descendant, en effet, vers Cézia, j'ai encore retrouvé, sous la maigre végétation des pâturages, les marnes ptérocériennes correspondant à la lèvre renversée du V, mais elles sont déjà moins épaisses et, par le fait, difficilement observables.

Au-dessous et à leur place se présentent des calcaires blancs tantôt compacts, tantôt oolithiques, que quelques Nérinées et des tests indéterminables de *Diceras* ne me permettent pas de classer exactement, mais où je verrais volontiers l'équivalent de l'oolithe ptérocérienne inférieure d'Étival, des Crozets et des environs de Condes.

Ce qui me confirme dans cette manière de voir, c'est qu'en continuant les observations du côté de la Valouse, on voit au-dessous de ces calcaires, qui mesurent de 30 à 35 mètres d'épaisseur, une forte corniche de calcaire compact en gros bancs, puis un second niveau plus franchement oolithique, qui surmonte presque immédiatement la zone grumeleuse à *Cidaris florigemma*. Ce second niveau ne peut être évidemment que l'Astartien, avec annonce déjà sérieuse du facies qu'il présentera vers Viry. On y rencontre, en effet, la *Terebratula insignis* associée à quelques Polypiers. La corniche calcaire qui vient au-dessus correspondrait ainsi aux gros bancs de calcaire compact qui s'intercalent, à Viry, entre l'Astartien et le Ptérocérien coralligène.

L'amincissement du Jurassique supérieur, par la disparition des plus récentes de ses couches, s'accuse encore mieux quand on s'avance dans la vallée du Suran. Il a déjà une moins grande épaisseur près des granges de Dessia qu'à Genod, et une moins grande encore à Saint-Julien. A une faible distance de cette localité, j'ai pu, en effet, relever une coupe qui m'a donné de bas en haut la succession suivante :

1. Marnes oxfordiennes plus ou moins feuilletées . . .
2. Alternance de calcaire et de marno-calcaire grumeleux, avec *Cidaris florigemma*, *Rhynchonella pectunculata*, *Waldheimia Mœschi* . . . . 5 m. »
3. Calcaire fragmenté mi-compact, mi-oolithique, avec taches jaunâtres par places . . . . 22 »
4. Calcaire oolithique avec Polypiers, Huîtres, *Terebratules* et tests de Nérinées . . . . 25 »
5. Marne jaunâtre avec lits calcaires et rognons siliceux, renfermant l'*Ostrea Couloni* . . . . 6 »

Enfin, à Andelot-lez-Saint-Amour, la masse entière du Jurassique supérieur ne m'a pas paru mesurer plus de 60 mètres de puissance. Il y débute encore par les marno-calcaires grumeleux à *Cidaris florigemma*, avec veines de fer pisoolithique. Mais son ensemble est peu divisible. Ce sont des calcaires blancs ou gris à texture généralement compacte, avec nids de Bryozoaires, sur lesquels reposent immédiatement les sables rosés du château, que l'on est convenu de rattacher à l'Aptien et au Gault.

V

VARIATIONS DE STRUCTURE

Des enclaves coralligènes et recherches des conditions dans lesquelles devait se trouver la région durant leur dépôt.

Maintenant que nous savons comment se répartissent et se développent les enclaves coralligènes dans le Jurassique supérieur du Jura, il ne reste plus, pour en compléter l'étude, qu'à examiner les variations de structure qu'elles présentent, et qu'à rechercher les conditions dans lesquelles paraît avoir été la région durant leur formation.

Variations de structure des enclaves.

Les variations de structure des enclaves coralligènes se relient intimement à leurs variations d'épaisseur; car, par le fait qu'elles s'amorcent peu à peu dans les autres formations sédimentaires, et qu'après s'être renflées, elles tendent à revenir s'y fondre, on doit trouver en elles un passage progressif de la structure des assises environnantes au facies coralligène type. Or, ces variations d'épaisseur sont de deux sortes : les unes générales, qui font que, pour chaque étage, l'ensemble des enclaves augmente ou diminue de puissance; les autres locales, qui donnent lieu sur le facies général à des sortes d'îlots ou de massifs plus saillants que le reste. Il y a donc lieu d'examiner successivement les variations générales et les variations locales de structure des enclaves.

Variations générales.

Rauracien. — Les variations générales de structure n'ont guère lieu d'être signalées dans le Rauracien. Le facies coralligène n'y est, en effet, qu'un accident, et l'on n'y rencontre que des îlots dont MM. Girardot et Choffat nous ont suffisamment fait connaître la constitution.

Astartien. — Mais quand on arrive à l'Astartien, le phénomène change, le facies coralligène s'essaie et se développe sur une assez grande échelle pour qu'on en doive suivre les modifications.

On le voit assez franchement oolithique et blanchâtre vers Pillemoine, Ménétrux, Morillon, Châtel-de-Joux et Moirans, où des massifs à Polypiers se montrent. Cependant, il ne présente pas en général, vers le bord occidental de la chaîne, une structure aussi franchement coralligène que plus au levant. Souvent l'oolithe n'y est qu'en lits fort minces d'une couleur brune et d'une cohésion fortement accusée. Des calcaires compacts ou grumeleux l'étreignent en certains points, la remplacent en d'autres, en sorte que de ce côté le facies coralligène ne fait réellement que s'essayer.

Mais lorsqu'on arrive au voisinage de Saint-Claude, la physionomie devient toute différente, et l'on tombe à Château-des-Prés, à la Landoz, à la Combe-des-Prés, aux abrupts de Molinges et de Viry, sur un calcaire d'une blancheur éclatante, d'une stratification irrégulière et d'une cohésion si faible que ses affleurements sont toujours ravinés. Plus à l'est, quelques îlots saccharoïdes à Polypiers viennent découper cette masse grenue et s'effacent à leur tour. Puis l'on voit les calcaires compacts reparaître et se développer à mesure que l'on s'avance vers Montépile et Charix, et que le facies à *Ammonites Polyplocus* envahit le niveau.

Ptérocérien. — Même remarque au sujet du facies coralligène du Ptérocérien. Grisâtre encore et faiblement oolithique à Syam, au Frasnois et dans le voisinage de Ménétrux, il prend une teinte plus blanchâtre vers Morillon, Saint-Pierre, Chaux-des-Prés, l'Abbaye, la Landoz et Leschères, pour constituer, un peu plus à l'est, vers Valfin, la Rixouse, Longchaumois, les Champs-de-Bienne, Molinges et Viry, une masse puissante d'oolithes désagrégeables et très confusément stratifiées, au milieu de laquelle s'étendent çà et là des massifs saccharoïdes à Polypiers. Plus loin, vers le Haut-Crêt, Montépile et la Joux, le calcaire redevient crayeux ou subcompact, et finit par perdre ses caractères oolithiques.

Virgulien. — Pour ce qui est du Virgulien, comme le facies coralligène n'y acquiert que lentement de l'épaisseur, ce n'est aussi que lentement qu'il passe par les phases que nous venons de signaler pour les deux niveaux précédents. Il est encore généralement bréchiforme et fragmenté dans la vallée du Grandvaux et crayeux dans celle de la Bienne. Ce n'est que vers les Repentis, la Joux, Septmoncel, Échallon et la dernière chaîne, qu'il passe aux lits irréguliers d'oolithes blanches. On verra que c'est encore plus à l'est et au sud, vers le Grand-Colombier, le Mollard-de-Vions, Chanaz et la Cluse-de-la-Balme qu'il faut se porter pour y trouver de beaux récifs.

Portlandien. — Quant au Portlandien, ce que l'on en connaît fait supposer aussi qu'il n'échappe pas à la loi générale. Il présente, en effet, une enclave coralligène bien plus franchement accusée vers Champformier, Charix et le Reculet que du côté de Saint-Claude ; seulement, comme on ne peut en suivre la continuité vers le Salève, il est convenable de rester dans la limite des faits et de garder sur le reste une réserve prudente.

Variations locales de structure.

Si l'on prend maintenant plus en détail chacun de ces niveaux et qu'on essaye d'étudier la structure des diverses lentilles qui s'y présentent, on trouve qu'il en est peu de ces dernières qui offrent des affleurements assez rapprochés pour permettre une étude approfondie.

On ne voit pas, en effet, dans le Haut-Jura ces surfaces étendues d'un même terrain, qui caractérisent la zone du premier plateau. Les niveaux coralligènes de l'Astartien, du Ptérocérien et du Virgulien y sont plissés et recouverts des assises du Portlandien. Les formations oolithiques de ce dernier terrain sont le plus souvent elles-mêmes perdues sous le Néocomien, ou tout au moins sous les couches plus élevées qui terminent le Jurassique. Ce n'est donc que dans les cluses profondes ou dans les grandes vallées d'érosion que les facies se montrent avec une certaine continuité. Ailleurs, ils apparaissent à des intervalles si grands, qu'il serait impossible d'en pouvoir reproduire les variations, comme M. Girardot l'a si bien fait pour l'Astartien de Châtelneuf.

Nous n'avons pas à revenir ici sur les travaux de cet éminent naturaliste, à l'exactitude desquels la Société géologique a rendu unanimement hommage. Nous dirons seulement qu'ayant eu l'avantage d'observer avec le plus grand soin une région découpée d'abrupts et où c'est presque toujours l'Astartien qui forme le revêtement supérieur du sol, il a pu montrer comment, vers Ney, Loulle, Châtelneuf et les Échines, les massifs à Polypiers se développent en énormes champignons dont le chapeau prend les formes les plus bizarres. Mais les études qu'il a faites ne peuvent guère se répéter plus à l'est, et après toutes les recherches que j'ai poursuivies dans cette région, tout ce qu'il m'est possible de dire de l'oolithe astartienne, est qu'à la Combe-des-Prés on y voit par place s'y élever des masses irrégulières de Polypiers à structures saccharoïdes, appartenant pour la plupart aux groupes des *Cryptocœnia*, des *Lobophyllia* et des *Dendrogyra*.

Comment s'étendent ces masses et jusqu'où vont-elles perpendiculairement à la direction de la Combe, c'est là ce que je ne saurais dire, et cela d'autant moins que les éboulis et la végétation ne m'ont même pas permis de les suivre longuement dans un sens parallèle aux abrupts. Au sud, vers Châtel-de-Joux et Meussia, les îlots récifornes de cet âge ne se voient guère que par leur surface supérieure, et tout ce que j'en sais, c'est que çà et là vers leur partie centrale apparaissent des Polypiers voisins des précédents.

L'oolithe ptérocérienne, quoique moins profonde, ne permet pas non plus d'observations détaillées au nord et au couchant du Grandvaux, où les couches sont peu disloquées. Mais, au voisinage de la Bienne ou de la cluse de Nantua, sa puissance devient telle et ses affleurements si multipliés, qu'on peut assez facilement la suivre. Nous savons déjà que, dans cette zone, elle forme de grandes lentilles entre lesquelles se trouvent engagés quelques lits du Ptérocérien marneux. Ce sont les lentilles ou récifs du Rizoux, de Valfin, de Viry et d'Oyonnax. De ces lentilles c'est celle de Valfin qui m'est le mieux connue, et c'est sur celle-là que j'insisterai davantage. Comme

Pl. A

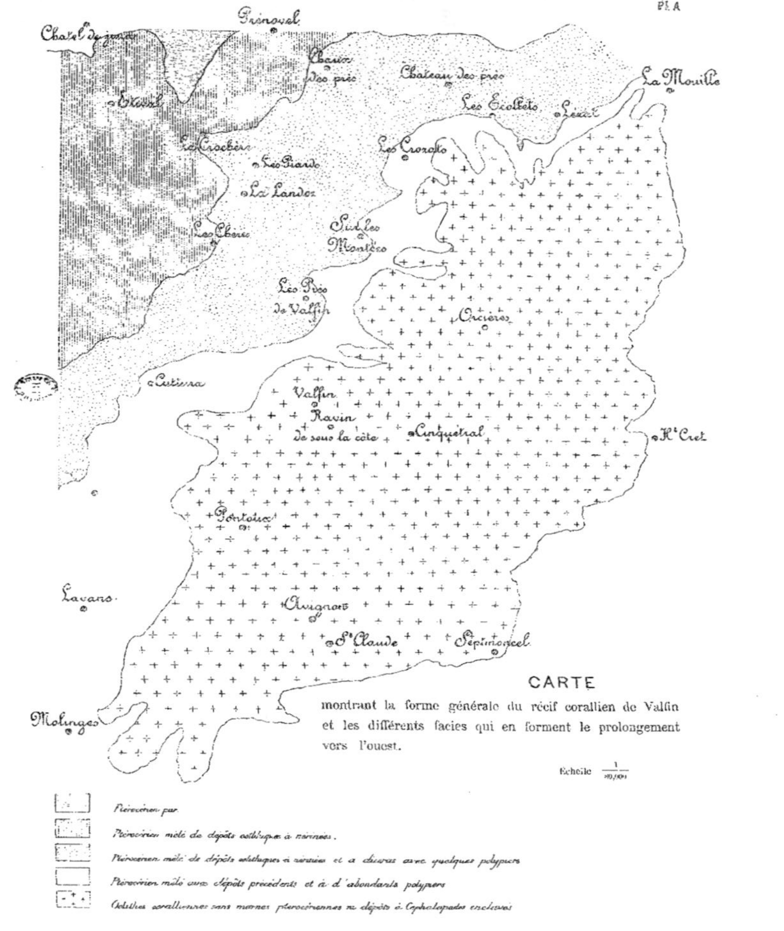

CARTE

montrant la forme générale du récif corallien de Valfin et les différents facies qui en forment le prolongement vers l'ouest.

Échelle $\frac{1}{80,000}$

elle n'est qu'un renflement au milieu d'un facies coralligène de même structure, on comprend qu'il soit difficile de lui assigner des limites absolument rigoureuses. On peut dire cependant qu'elle forme dans son ensemble une sorte d'ellipse bizarrement découpée et orientée du nord-est au sud-ouest, qui mesurerait à peu près 20 kilomètres de long, des environs du Pont-de-Lizon à ceux de Morez, et 7 à 8 kilomètres de large de la Combe-des-Prés au milieu du plateau de Longchaumois. Ses limites extrêmes à l'ouest, au sud-ouest et au nord-est, sont celles où cesse le Ptérocérien marneux ; à l'est, elles seraient marquées par la réduction considérable qu'elle subit du côté du Haut-Crêt et de la Joux, par suite de l'apparition de calcaires compacts à sa base.

Quoi qu'il en soit, cette lentille se montre bien observable sur un grand nombre de points. Le plus important de tous est encore, sans contredit, le ravin classique où l'on se rend de Valfin en descendant un petit sentier qui conduit aux maisons de Sous-la-Côte. C'est à gauche du sentier et à quelques pas des maisons que ce ravin se trouve et montre plus de 50 mètres d'oolithes à nu. Il y est recouvert d'une corniche dolomitique et de bancs calcaires dont les affleurements en saillies se prolongent sur la rive droite de la Bienne jusqu'au-dessous de Lézat et s'abaissent peu à peu au niveau de la rivière. Sur la rive gauche, la corniche a pour pendant une corniche semblable qui remonte aussi loin vers le nord-est et dont les bancs se rattachaient évidemment à ceux de la première avant que l'eau n'y eût creusé son sillon.

A l'opposé, vers le sud-ouest, la rivière changeant rapidement de direction, ces corniches se rejoignent et décrivent, sur la route de Saint-Claude à Valfin, des ondulations qui ramènent à plusieurs reprises le Corallien au jour. On peut donc l'étudier le long de cette route, au ravin classique et à ceux qui se montrent de part et d'autre de la rivière. Il y en a trois sur la droite, savoir : les ravins de Sous-Mamoncé, de Roche-Blanche, ainsi que celui qui se trouve à la terminaison du chemin qui descend de la Rixouse vers la rivière. A gauche, se montrent le ravin du Vernois, qui regarde le ravin classique, et deux autres petits ravins qui font face à ceux de Sous-Mamoncé et de Roche-Blanche. Outre ces affleurements, on trouve encore à l'ouest ceux de Sur-la-Côte, des Prés-de-la-Rixouse, des Prés-des-Villars et de Château-des-Prés ; au nord-est, ceux des champs de Bienne et des abrupts de la Mouille ; à l'est, ceux d'Orcières, de la côte de Cinquétral, de la forêt du Fresnois et du Haut-Crêt; au sud-ouest, enfin, ceux de Septmoncel, des Chabot et du Plan-d'Acier. Si l'on ajoute à tout cet ensemble les affleurements plus occidentaux et très peu distants de Sur-les-Roz, de Leschères, de la Landoz, de Château-des-Prés, de Chaux-des-Prés, des Écollets, etc., où viennent mourir les marnes à Ptérocères du nord-est, on comprendra que la connaissance de la lentille puisse être poussée très loin.

Voici d'abord ce que l'on constate au ravin même :

Lorsqu'on l'examine à peu près vers le milieu de son développement horizontal (voir planche B, figure 2), on y aperçoit à la base une petite colonne presque verticale A de calcaire à Polypiers, qui se trouve noyée dans des assises oolithiques très irrégulières à *Pinna*. Plus à droite, se montre une autre colonne B de même nature. Toutes deux s'élèvent à 5 ou 6 mètres de hauteur, après quoi elles donnent lieu, en se soudant, à un massif M, très bizarrement limité, duquel partent deux ailes inférieures dont nous aurons à reparler bientôt. Ce massif s'étrangle ensuite en s'élevant et émet sur sa gauche en N une aile C. Il se renfle à nouveau, se porte sur la droite et donne l'aile D qui fait presque pendant à C; puis il s'étale en un énorme chapeau, qui émet à son tour les deux ailes E et F. Tout ce qui forme ce massif est plus ou moins saccharoïde, tout ce qui se trouve compris dans l'intervalle de ses ailes est de l'oolithe pure. On comprend, d'après cela, que, suivant les points du ravin que l'on envisagera, la succession de ces deux genres de roche subira des variations très sensibles. Aussi n'ai-je jamais pu y retrouver deux coupes absolument identiques. Celle qu'en a donnée frère Ogérien, d'après M. Guirand, me semble prise légèrement à gauche de M; on y trouve, en effet, trois assises à Polypiers : celle du n° 7 qui n'est pas autre que l'aile inférieure se rattachant à A, celle du n° 5 qui me paraît l'aile C, et celle du n° 3 qui semble correspondre à l'aile E. Une chose importante à noter est l'inclusion dans l'intervalle de B et de D d'un petit massif R, qui paraît être indépendant de la masse M et qui se retrouvera de l'autre côté de la rivière, près de la ferme du Cernois.

De cette capricieuse répartition des Polypiers et des niveaux oolithiques, doit découler nécessairement une distribution tout aussi capricieuse des types coralligènes.

C'est, par exemple, entre la branche adjointe à A et la branche C que se trouvent les plus gros Dicéras et le plus grand nombre de

Fig. N° 1, montrant la distribution par nids des grosses oolithes de la partie supérieure des affleurements voisins de la Bienne.

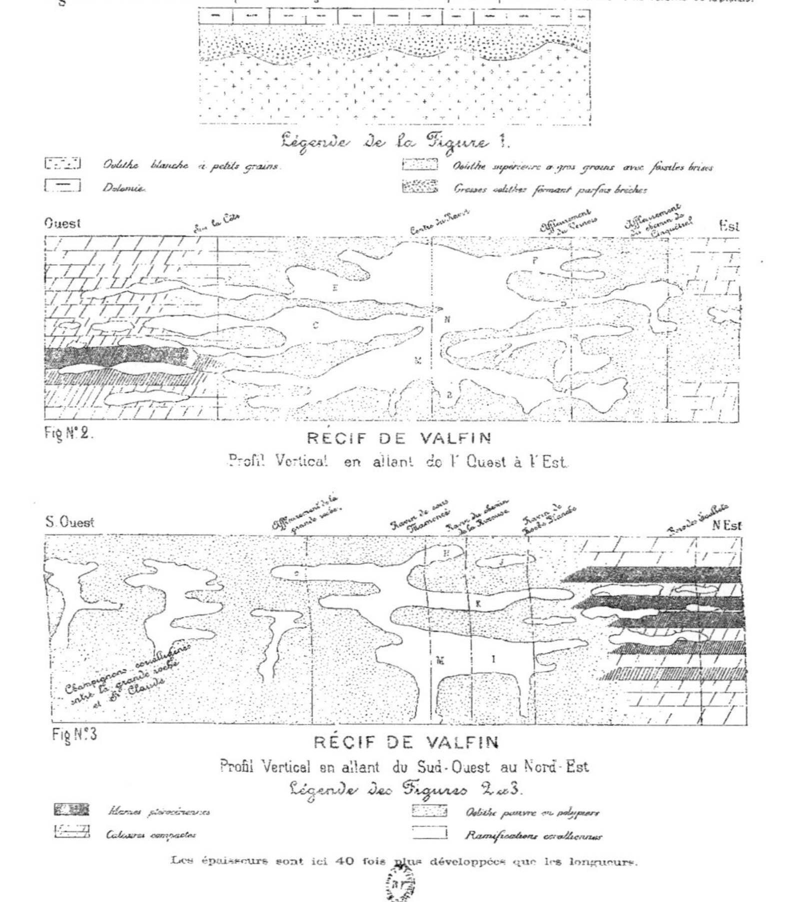

Les épaisseurs sont ici 40 fois plus développées que les longueurs.

Rhynchonelles; dans les intervalles de B, R et D que se remarquent les plus beaux Lamellibranches, et entre D et F, d'une part, C et E, de l'autre, que foisonnent surtout les petits Gastéropodes. L'espace qui est au-dessus est occupé par de grosses oolithes qui passent quelquefois à la brèche, et qui forment comme des sortes de nids séparés par des étranglements comme l'indique la figure 1. Les fossiles y sont roulés et peu déterminables. La plupart cependant sont des *Diceras* et des *Ostrea*. Le tout est couronné par une corniche dolomitique dont la figure 1 représente assez bien la section.

Lorsque de là on se rend au ravin du Vernois, vers la droite, l'aile B descend au niveau du ruisseau et se remarque à peine, mais la masse R se montre avec son cortège de Lamellibranches, et l'aile D, fortement renflée, envahit la plus grande partie de l'horizon à Gastéropodes, qui deviennent, en effet, très rares à cet affleurement. Plus loin, vers Cinquétral, les Polypiers se montrent encore comme formant l'extrémité bifurquée de l'aile D, et puis on les voit ne plus apparaître que par petits nids, tandis que des calcaires plus ou moins compacts envahissent la base de la formation.

Si l'on rapproche ces faits de ceux que vont nous présenter les affleurements de Sur-la-Côte, où l'on voit les Polypiers s'étendre au-dessous du Ptérocérien marneux et former au-dessus de lui deux assises distinctes avec enclaves d'oolithes à Dicéras et à Gastéropodes, on sera naturellement tenté de rattacher le plus inférieur de ces niveaux à la branche annexe à A, le moyen à la branche C, et le supérieur à la branche E. Dès lors, la section du récif, prise de l'ouest à l'est, c'est-à-dire à peu près perpendiculairement au cours de la Bienne, serait celle qu'indique la figure 2, figure étrange, sans doute, mais qui n'a rien de surprenant quand on songe aux multiples exigences des Polypiers dans leur développement.

Si l'on part toujours du ravin et qu'on se porte au nord-est, c'est-à-dire du côté de Sous-Mamoncé et de Roche-Blanche (figure 3 de la planche B), le massif M se retrouve dans une aile I, qui présente une épaisseur à peu près égale à celle qu'il y a entre la base de ce massif M et son étranglement. Puis une seconde aile K apparaît comme correspondant à peu près à l'expansion C. Enfin, une troisième, H, abritant au-dessous d'elle beaucoup de petits Gastéropodes, semble correspondre à F. Seulement, tandis qu'à Sous-Mamoncé on a tout lieu de supposer que cette troisième aile se rattache réellement à F, on trouve qu'à l'affleurement où aboutit le chemin de la Rixouse vers Sous-la-Côte, les Polypiers manquent à ce niveau; en sorte que, si le massif J de la Roche-Blanche en est la continuation, ce n'est que par derrière les parties découvertes que la soudure peut avoir lieu. Il y a trop peu de différence entre ces affleurements de la partie droite de la rivière et ceux qui leur font pendant du côté gauche pour que j'insiste à ce sujet. Qu'il suffise de savoir qu'en bas du chemin de la Rixouse vers les maisons de Sous-la-Côte, de belles Nérinées pullulent entre I et K, et qu'à la Roche-Blanche les rentrants de l'oolithe dans I renferment les quelques Céphalopodes qui sont cités comme appartenant à ce gisement.

En se portant maintenant dans la direction contraire, c'est-à-dire sur la route de Saint-Claude, les expansions à coraux semblent cesser brusquement, et l'on ne trouve plus à quelques pas de la Grande-Roche que des oolithes très pauvres en fossiles. Mais à trois reprises le long du chemin, une fois en amont de ce que l'on appelle la Recure, une fois près de cette roche et une fois en vue de Saint-Joseph, les Polypiers reparaissent en grandes colonnes capricieusement découpées avec un cortège abondant de bivalves. Les Gastéropodes sont très rares, mais quelques Ammonites indéterminables se montrent au voisinage de la colonne de Saint-Joseph. Passé ce point, les Polypiers deviennent trop peu nombreux et leurs affleurements trop rares pour qu'on puisse en saisir aussi bien la distribution. C'est pour cela que nous avons fait cesser à Saint-Joseph même la figure qui représente une section du récif allant du sud-ouest au nord-est (figure 3 de la planche B). Par contre, cette figure a été prolongée jusqu'aux marnes ptérocériennes du bois des Écollets pour montrer à quel niveau il convient de placer la masse principale de marnes, et comment elles alternent avec le facies coralligène.

Vers l'ouest, c'est-à-dire du côté de la Combe-des-Prés, on retrouve encore de beaux massifs de Polypiers, tant au-dessous qu'au-dessus des marnes à Ptérocères de Sur-la-Côte. Mais ils ont moins d'épaisseur que ceux du voisinage de la Bienne et paraissent vouloir s'étaler parallèlement aux couches, comme on peut le voir sur le profil vertical allant de l'ouest à l'est, où cinq de ces massifs sont figurés.

Le plus remarquable, sans contredit, est celui qui se trouve immédiatement au-dessous des marnes ptérocériennes et qui repose sur des calcaires à tendance marneuse. Il forme, en effet, une belle corniche de calcaire consistant, qui est plus gris et moins saccharoïde que les massifs du ravin qui, à part quelques légers étranglements, se suit avec une remarquable continuité jusque bien loin dans les bois communaux du territoire de la Rixouse. Il disparaît ensuite brusquement pour ne reparaître qu'affaibli à trois kilomètres plus loin dans les abrupts des Crozats. Je ne puis, comme je l'ai déjà dit, que l'envisager comme étant le prolongement de la branche inférieure de gauche du ravin; mais comme nos observations ne m'ont pas permis d'en voir cette continuité, j'ai cru devoir les séparer par une petite interruption dans le profil.

Les autres ont à peu près la texture et la couleur de ceux des bords de la Bienne, c'est-à-dire qu'ils sont franchement saccharoïdes et blancs; mais ils sont moins continus dans le sens horizontal. Celui qui vient immédiatement au-dessus du précédent paraît s'y rattacher par quelques colonnes irrégulières dont une est figurée traversant les marnes. Ces divers massifs, ou mieux ces diverses enclaves de calcaire construit, se réduisent rapidement à la montagne de Sur-les-Roz, à l'ouest du ravin. Elles sont peu discernables à Leschères, et il n'y en a plus qu'une qui est légèrement grisâtre à la Landoz et au Pré-Coccu. Plus loin, comme entre Chaux-des-Prés et Prénovel, au couchant de Grande-Rivière, près du lac de l'Abbaye, les Polypiers n'apparaissent plus que par petits groupes; il faut revenir au bois des Écollets pour retrouver des enclaves analogues à celles de Sur-la-Côte.

Vers l'est, enfin, on retrouve encore d'assez beaux massifs aux cascades d'Orcières, où ils sont engagés dans une oolithe blanche et rappellent assez bien ceux des champs de Bienne; mais, vers la forêt du Fresnois, les Polypiers s'isolent, et le calcaire construit ne forme plus que de faibles taches dans des assises encore blanches, mais moins oolithiques que celles d'Orcières.

En résumé, il y a pour le massif de Valfin un point quasi central où les calcaires à Polypiers dominent en se distribuant horizontalement et verticalement de la plus étrange façon, emprisonnant dans l'intervalle de leurs rameaux de calcaire saccharoïde une oolithe blanche où les fossiles sont distribués par nids. Ces calcaires s'atténuent à mesure que l'on s'éloigne de ce point, mais d'une manière différente suivant les directions. A l'est et au sud, leurs derniers représentants se groupent encore en petits massifs plus ou moins rameux et plus ou moins fongiformes, tandis que, vers l'ouest et le nord, c'est-à-dire du côté des marnes Ptérocériennes, ils forment de véritables couches qui s'étranglent et s'effacent à mesure que l'on gagne le facies marneux.

Pour ce qui est des oolithes grossières qui surmontent le récif, elles mesurent de 7 à 8 mètres au ravin et varient ailleurs entre 4 et 9 mètres, suivant les affleurements. Outre des Lithodomes et de nombreux débris roulés de *Diceras*, d'*Ostrea*, de Gastéropodes et de Rayonnées, on y trouve assez souvent de belles géodes tapissées de cristaux transparents de carbonate de chaux. Mais ce qu'elles ont de spécialement curieux, c'est qu'elles forment, elles aussi, de vraies lentilles séparées par des étranglements, parfois même elles s'effacent complètement, et il est des points où, comme à la Roche-Blanche, elles passent à l'état de brèches formées de calcaires blancs et noirs, capricieusement enchevêtrés. Enfin, on ne les retrouve plus guère sur les bords de la lentille où elles passent à un calcaire compact.

Quant à la corniche dolomitique, elle est fort puissante au ravin où elle renferme des traces de Cyrènes. On la retrouve encore très bien sur la côte, au-dessous de la Rixouse et aux Crozats ; mais vers Roche-Blanche et les champs de Bienne, elle s'amincit beaucoup en se laissant envahir par le facies oolithique. Lorsqu'on se porte plus à l'ouest, il n'en reste généralement plus de trace.

Les lentilles de Viry et d'Oyonnax rappellent dans leurs traits généraux ce que nous venons de constater dans celles de Valfin. Pour ne pas nous exposer à des redites fatigantes, et aussi faute de documents aussi complets que pour le dernier, nous ne ferons qu'en esquisser rapidement la physionomie.

Celle de Viry s'accuse, vers l'ouest et le nord du côté du Pont-de-Lizon et de Villars-d'Hériat, par des calcaires oolithiques assez consistants, où l'on trouve des Nérinées, quelques Dicéras et, çà et là, des traces de Polypiers. Elle se renfle entre Molinges et Lavans ; puis à Molinges même, où l'oolithe se montre plus désagrégeable, les Dicéras deviennent plus nombreux et les Polypiers plus communs. De là, elle augmente progressivement jusqu'au chemin qui monte en vue du cirque de Vulvoz ; mais là, l'oolithe fait place à de grandes taches rameuses de calcaire saccharoïde où foisonnent les Polypiers branchus du groupe des *Calamophyllia*. On est en plein centre d'un récif construit, lequel une fois passé, on retombe assez rapidement, vers Désertin, dans des calcaires blanchâtres de moins en moins oolithiques où les Polypiers et leur cortège de Dicéras diminuent.

Je ne me souviens pas d'avoir remarqué dans le dessus les grosses oolithes ou les brèches qui surmontent la lentille de Valfin. Quant à la dolomie, si elle en forme parfois le couronnement, c'est d'une façon plus irrégulière encore que dans cette dernière localité.

La lentille d'Oyonnax n'est encore que faiblement amorcée au nord dans les environs de Condes, où les marnes à Ptérocères sont assez développées et passablement fossilifères. Elle se renfle rapidement dans la côte de Dortans, mais en englobant toujours des marnes, si bien qu'arrivée à Oyonnax même, elle se découpe en deux niveaux distincts entre lesquels ces marnes et des calcaires compacts sont compris. Cependant on la voit présenter là de très beaux massifs de Polypiers branchus; et ce qui porte à croire qu'on est très voisin de son centre, c'est que, plus à l'est, dans les bois d'Échallon, le facies Ptérocérien marneux reparaît. Faut-il la prolonger jusqu'aux escarpements de Nantua? C'est un point que je ne saurais dire. Mais, dans tous les cas, l'oolithe y est plus fine qu'à Viry et à Valfin, ce qui permet d'en exploiter une notable partie pour les constructions. Les oolithes grossières, que nous avons vues au-dessus de celle de Valfin, ne s'y montrent que faiblement, et l'on n'y rencontre plus que par intermittence de couronnement dolomitique.

Si maintenant nous passons aux renflements de l'oolithe *virgulienne*, nous trouvons que, parmi ceux de l'est, qui sont cependant les plus nettement accusés, il en est trois, ceux de Champformier, de Chézery et de la Dôle, qui présentent trop peu d'affleurements pour que leurs variations de structure puissent être suffisamment décrites. Tout ce que je puis dire du premier est qu'il s'efface rapidement du côté du fort de l'Écluse, et que du côté de l'ouest il n'est pas impossible d'y rattacher les assises oolithiques virguliennes de Charix et d'Échallon. Celui de Chézery paraît s'annoncer aux oolithes blanches qui couronnent le plateau des Bouchoux du côté de la Pesse, puis devenir saccharoïde et s'enrichir en Dicéras et en Polypiers à la descente de ce dernier village vers la Valserine, puis enfin, commencer à reprendre la texture oolithique au voisinage du Reculet.

Mais il m'est impossible d'en assigner les limites et d'en décrire actuellement davantage les caractères.

Quant à celui de la Dôle, on en voit assurément le bord aminci à l'oolithe virgulienne des Repentis qui est déjà fortement désagrégeable, mais très pauvre en fossiles. On en retrouve une section à la tranchée du chemin de Saint-Cergues, qui se montre à quelques pas de la Curedes-Rousses et à celle du chemin des Tufs, où les formations oolithiques, quoiqu'un peu moins accusées qu'aux Repentis, sont sensiblement plus épaisses. Enfin, on peut observer à la Dôle même, dans les abrupts dominant le sentier qui descend au chalet, de puissantes masses de calcaires saccharoïdes à Polypiers, qui montrent qu'on s'approche du centre de la formation coralligène. Jusqu'où s'étend après cela la lentille du côté de la Suisse, c'est ce que je ne saurais dire.

Le renflement de la Faucille est un peu mieux connu. On sait, en effet, par les observations de MM. Schardt et Benoît, qu'il atteint une centaine de mètres, tant au col même où passe la route de Gex, qu'aux sommités avoisinantes du Thuret et du Mont-Rond, où il est assez fortement saccharoïde et montre un grand nombre de Polypiers au milieu de débris de *Diceras*. Si l'on suit de là les formations vers le nord-est ou le sud-ouest en longeant l'arête culminante de la montagne, on les voit peu à peu s'amincir, s'appauvrir en Polypiers, ce qui fait supposer qu'on s'éloigne du centre de l'îlot. On peut remarquer cependant que, soit par suite des compressions diverses qu'elles ont subies, soit pour toute autre cause, les formations oolithiques ne varient pas aussi régulièrement dans ces deux sens que nous l'avons constaté pour le renflement Ptérocérien de Valfin.

Vers l'est, la plaine Suisse arrête toute observation; mais, à l'ouest, on voit que les calcaires sont moins épais, plus oolithiques et plus désagrégeables à Lajoux où ils renferment encore d'assez nombreux Polypiers, qu'ils le deviennent moins encore vers la Moura et Tressus et où ils tendent à s'effacer.

Des renflements lenticulaires virguliens de l'ouest, le seul qui soit facilement observable est celui qui avoisine la Bienne et qui se montre à la Rixouse, aux Saumoires, sur la côte de Valfin, au ravin de Sous-Mamoncé, au-dessous de Noire-Combe, à la Grande-Roche et à Saint-Joseph. Le centre paraît en avoir été le voisinage de la Grande-Roche, où les Polypiers sont abondants et où la formation est saccharoïde sur plusieurs points. Ailleurs c'est une structure subcompacte, crayeuse ou oolithique, selon que l'on s'approche plus ou moins de ce centre.

Pour ce qui touche aux lentilles Portlandiennes, comme nous avons fait connaître la plus facilement observable, il ne nous semble pas nécessaire d'en parler davantage. De plus amples descriptions ne feraient que charger cette étude sans rien ajouter à ce que les descriptions précédentes nous ont révélé.

Recherches des conditions dans lesquelles devait se trouver la région durant le dépôt de ces enclaves.

Pour savoir maintenant dans quelles conditions devait se trouver la région durant le dépôt de ces enclaves, nous n'avons qu'à nous rappeler ce que nous venons de dire de leur répartition et de leur structure, et qu'à examiner rapidement les caractères des dépôts qui leur forment encadrement.

Par le fait que les enclaves coralligènes existent dans le Jura et qu'elles y persistent sur de grandes étendues de la base au sommet du Jurassique supérieur, c'est une preuve qu'il y avait là une mer chaude et peu profonde. Leur blancheur et leur structure oolithique font croire que ces eaux étaient assez limpides et fortement agitées, tandis que leur déplacement progressif vers le sud-est à mesure que l'on s'élève dans la série des terrains, ne permet pas de douter que les rivages d'alors ne fussent soumis à un déplacement graduel.

Mais de quel côté étaient ces rivages, et comment se déplaçaient-ils? Était-ce de l'Océan vers la terre ferme, ou de la terre ferme vers l'Océan? C'est là une question que l'inspection seule des dépôts voisins permet d'élucider.

Nous savons déjà que, parmi ces dépôts, ceux du nord-ouest ou du voisinage de Champagnole se laissent envahir peu à peu de bas en haut par le facies coralligène, à mesure que l'on s'avance vers les arêtes culminantes, et dessinent ainsi une sorte de biseau dont le tranchant regarde en haut vers la Suisse. Nous savons aussi que ceux du sud-est, naissant par-dessous les formations coralligènes pour s'y substituer peu à peu, forment un second biseau qui regarde en bas vers la France. Ce sont donc ces deux biseaux que nous allons passer en revue.

Biseau du nord-est.

Quand on examine celui du nord-est, on voit qu'il offre tous les caractères d'un dépôt de lagunes. On y rencontre, en effet, des traces de végétaux, des trous de Pholades, des surfaces durcies, des poudingues ou des brèches, et sur un très grand nombre de points des enclaves tortueuses qui ne peuvent être que des restes d'algues ou des impressions produites sur des plages basses.

C'est surtout dans l'Astartien de Châtelneuf que les traces de végétaux se montrent, mais on en rencontre encore des débris plus ou moins carbonisés dans le Virgulien du voisinage de Morez et dans quelques-unes des couches Portlandiennes de Leschères. Quant aux trous de Pholades, aux surfaces durcies, aux poudingues ou aux brèches, c'est à tous les niveaux de la série qu'on les rencontre.

Il suffit, en effet, de jeter les yeux sur les tableaux comparatifs de la région de Châtelneuf pour voir combien M. Girardot les y a signalés souvent, et pour ma part je n'ai jamais observé le Ptérocérien ou le Virgulien sans y trouver des produits d'érosion, tantôt sous la forme de brèches grossières, tantôt sous celle de marnes ou de calcaires noduleux et mal cimentés. Mais c'est surtout dans la pointe supérieure du biseau qui constitue le Portlandien des environs de Saint-Claude, que les dépôts me semblent le mieux présenter ce caractère. A trois niveaux différents auprès de Valfin, de la Rixouse, de Cinquétral et de Leschères, j'y ai trouvé des traces de Lithodomes. Ailleurs, près de la Landoz et de Chaux-des-Prés, ce sont des brèches ou des surfaces durcies. C'est aussi près de Saint-Claude que les impressions tortueuses abondent et occupent une zone qui commencerait vers le Franois du côté de l'ouest, pour se continuer très irrégulièrement à l'est vers Charix et le Grand-Colombier. Leur maximum de développement aurait lieu vers la Rixouse et Lézat. On sait, par les descriptions qu'en ont faites Étallon et frère Ogérien, que ce n'est pas seulement la surface des bancs qui les présente, mais que souvent ce sont les bancs eux-mêmes qui en sont littéralement pétris. A tout cela s'ajoutent la présence des dolomies et les caractères de la faune.

Les dolomies comptent, en effet, parmi les roches les plus communes de la région, et l'on sait qu'elles entrent pour une large part dans la constitution du Portlandien et du Purbeckien des hauts sommets. Mais ces niveaux ne sont pas les seuls où elles se présentent, et l'on peut dire qu'en général plus on se porte à l'ouest, plus on les voit s'abaisser dans la série. Nous les avons signalées au-dessus de l'oolithe ptérocérienne de Valfin; M. Bertrand les a montrées couronnant le Virgulien; les coupes précédentes nous les font voir dans plusieurs affleurements de l'Astartien, et nous savons, par les études de

M. Girardot, combien elles se répètent du Rauracien au Purbeckien dans le voisinage de Châtelneuf.

Elles sont très variables de couleur, de structure et de composition. Il en est qui sont blanches comme de la craie; d'autres brunes ou jaunâtres, d'autres légèrement vineuses; les unes sont saccharoïdes et serrées, d'autres marneuses et plus ou moins feuilletées, d'autres crayeuses, d'autres celluleuses et cloisonnées comme les carnieules du Trias. Très peu d'entre elles présentent la teneur en magnésie de la dolomie type; car leur richesse ne dépasse guère 10 % et s'abaisse souvent au-dessous. Mais elles ont toutes un caractère commun, celui de se présenter en couches régulières et de constituer des lentilles qui se fondent sur leur bord avec les dépôts voisins. Elles ont donc tous les caractères des formations sédimentaires; et si l'on songe que c'est surtout dans les formations saumâtres du Purbeckien qu'elles abondent, on ne pourra s'empêcher d'y voir un dépôt d'estuaires. Autant de lagunes, autant de lentilles et autant de variations dans leur structure, leur épaisseur et leur composition.

Pour ce qui est de la faune, on peut dire qu'en général, dans le biseau du nord-ouest, elle est très pauvre en types pélagiques. On n'y trouve, en effet, qu'un petit nombre de Céphalopodes, tandis que les Gastéropodes, les Lamellibranches, les Térébratules, les Rhynchonelles, les Serpules et les Oursins s'y montrent abondants. Le plus souvent ils sont roulés ou dépourvus de tests, comme si la région s'était alors trouvée dans la zone d'agitation des flots.

Biseau du sud-est.

Le biseau du sud-est accuse au contraire l'existence d'une mer largement ouverte. Les Ammonites s'y montrent, en effet, dès son origine vers Septmoncel et les Bouchoux, et deviennent de plus en plus abondantes à mesure que le biseau se renfle et que l'on se rapproche du massif Alpin.

Elles sont plus communes à la Faucille et à Chézery qu'aux Bouchoux, plus communes au pied du grand Credo qu'à Chézery, et nous aurons occasion de constater plus loin qu'elles se rencontrent dans une partie très notable du Jurassique de la Savoie et du Bugey. En outre, les dolomies y sont plus rares, les assises moins grumeleuses, mieux stratifiées, moins percées de trous de Pholades, ou moins marquées de traces d'usure.

Et ce qui confirme cette manière de voir, c'est qu'on peut suivre la transition progressive d'un facies à l'autre par le moyen des couches qui se prolongent d'un biseau à l'autre à travers les formations oolithiques.

Elles ont encore, en effet, tous les caractères d'un dépôt littoral vers le nord-ouest, à la Landoz et à Noire-Combe, à la Grande-Roche, à Valfin, à la Landoz et à Chaux-des-Prés, où elles sont généralement grumeleuses, pauvres en Céphalopodes et souvent percées de trous de Pholades. L'on y trouve parfois des traces de végétaux comme dans le Ptérocérien de Leschères; mais elles sont surtout fort riches en lentilles de dolomies. C'est là, en effet, qu'on voit la corniche dolomitique qui surmonte le récif de Valfin et qu'on la suit avec ses alternatives de renflements et d'étranglements sur le chemin des champs de Bienne et tout le long des abrupts de la Combe-des-Prés.

C'est là aussi, comme l'a montré M. Bertrand, qu'une lentille de la même roche couronne l'oolithe Virgulienne à la route de Morez, à la Landoz, à Noire-Combe, à la Grande-Roche, à Valfin, à Chaux-des-Prés, pour s'atténuer ou s'effacer vers Saint-Claude, Cinquétral et Septmoncel. C'est là, enfin, qu'on voit les assises supérieures du Portlandien constituer la grande écharpe dolomitique que nous avons étudiée précédemment.

Mais lorsqu'on s'avance vers le sud-est, on voit le facies pélagique s'accuser progressivement. Les impressions tortueuses disparaissent, les assises sont plus compactes et mieux stratifiées, et les dolomies s'effacent peu à peu en commençant par les étages les plus inférieurs. Il y en a moins dans l'Astartien d'Oyonnax que dans celui de Valfin ou de Viry, moins dans celui de Charix et de Septmoncel que dans celui d'Oyonnax, et moins encore dans celui de Chézery que dans ces deux derniers. Mais, en retour, quelques Céphalopodes apparaissent, et l'on arrive ainsi à la zone où le facies pélagique domine tout à fait.

Il faut donc croire que c'était de ce côté que régnait l'Océan et que c'était dans cette direction que les rivages se déplaçaient, rejetant peu à peu les récifs vers la région des Alpes.

VI

FORMATIONS DU JURASSIQUE SUPÉRIEUR

Dans la Savoie et le Bugey.

Tels sont les caractères que présente le Jurassique supérieur dans la partie du Jura qui fait plus spécialement l'objet de ce travail. Lorsqu'on en veut poursuivre l'étude par delà la profonde coupure de Culoz à Ambérieux, on tombe dans une région où les facies se compliquent encore et où la faune subit un appauvrissement sensible. Quelques Ptérocères et quelques Natices, une petite couche à *Ostrea* et des traces plus ou moins déterminables de Nérinées y constituent jusqu'à ce jour toute la richesse fossilifère du Portlandien. Le Virgulien n'est guère mieux partagé; car, si l'on y a trouvé quelques affleurements tels que ceux d'Orbagnoux et d'Armailles, qui renferment les débris d'une *Ostrea* voisine de la *Virgula,* il existe, le long du lac du Bourget, toute une zone où cette espèce paraît manquer et céder la place à des types coralliens. Quant au Ptérocérien, on ne trouve presque plus rien qui en rappelle la faune classique du Jura Bernois, et l'on sait, enfin, au prix de quel travail opiniâtre M. Choffat et quelques autres géologues sont parvenus à y paralléliser les couches à *Ammonites Polyplocus* avec l'Astartien du reste de la chaîne. Mais si la faune est si pauvre, ces derniers chaînons renferment en retour beaucoup de ces rognons siliceux que nous avons trouvés à l'orient du Jura. M. Falsan les a signalés à la cluse de la Balme et aux cascades de Glandieu; M. Pillet, au val du Fiers et dans la chaîne du mont du Chat; M. Hollande, au pied du Colombier, au Mollard-de-Vions et à Chanaz, et l'on sait que, dans sa course du mois d'août 1885, la Société géologique a pu visiter plusieurs de ces affleurements et y observer les silex en place. En les voyant se poursuivre avec une si remarquable continuité et se maintenir d'un bout à l'autre de la région à des distances sensiblement les mêmes de la base et du sommet du Jurassique supérieur, on se reporte naturellement aux silex des couches bajociennes du Jura ou à ceux de la Craie blanche du bassin de Paris. Et si ces derniers ont pu être cités comme caractéristiques des terrains qui les renferment, il était naturel aussi de se demander si ceux de la Savoie et du Bugey ne pourraient pas, à défaut de fossiles, jouer un rôle analogue. C'est là, du moins, la question que nous nous sommes posée et que se sont faite sans doute avant nous les géologues qui, comme M. Hollande, les ont fait intervenir dans leurs classifications. Pour la résoudre, il n'y avait pas assurément de meilleur moyen que d'étudier d'abord ces silex dans les affleurements où ils sont associés à un facies coralligène rappelant celui de la Faucille, et de voir quelle est la faune qui se montre à leur contact. Comme, en effet, on se maintient ainsi toujours dans le même facies, on peut conclure que, si cette faune reste la même, le niveau des silex demeure aussi constant.

Or, parmi ces affleurements, il en était quatre qui réalisaient à merveille les conditions désirées : c'étaient ceux du Colombier, de Chanaz, du Mollard-de-Vions et de la cluse de la Balme. Aussi, bien que MM. Hollande et Falsan en aient déjà donné la description, et que quelques-uns aient été visités par la Société géologique dans sa réunion extraordinaire de 1885, nous avons cru devoir les étudier à nouveau pour y préciser la position des silex et y suivre le développement du facies coralligène.

Étude des coupes.

Colombier.

Au pied du Colombier, nous avons trouvé d'abord comme M. Hollande, au-dessous des calcaires ocreux du Valanginien, une brèche multicolore, de 2 ou 3 mètres de puissance, qui paraît y représenter le Purbeckien. Puis nous avons observé, en descendant, la série suivante qui rappelle assez bien la coupe de ce savant :

1. Alternance de calcaire et de dolomies en plaquettes, avec mince brèche à *Serpules*. . . . . 7 m. »

2. Calcaire compact avec légères enclaves dolomitiques . .	8 m.	»
3. Petit niveau calcaire à *Ostrea*	0	8
4. Alternance de dolomies marneuses et de calcaire compact, avec traces de Nérinées et arborescences tortueuses. . . .	22	»
5. Calcaire blanc, suboolithique au sommet, avec traces de *Diceras*, compact vers la base et riche en moules de *Nerinea trinodosa*.	8	»
6. Petit niveau marneux à *Ostrea* et à *Terebratula subsella* .	0	60
7. Calcaire compact à Nérinée avec empreintes tortueuses .	7	»
8. Calcaire blanc, tantôt compact, tantôt saccharoïde, tantôt oolithique, avec *Diceras*, Nérinées et nombreux Polypiers. .	42	»
9. Alternance de dolomie et de calcaire oolithique ou crayeux avec Polypiers	28	»
10. Calcaire blanc saccharoïde, devenant oolithique par place, avec rognons siliceux, *Cidaris glandifera, Diceras Münsterii, Itieria Cabanetiana, Ptygmatis pseudo-bruntrutana, Rhynchonella pinguis* (Faune de Valfin).	35	»

Après cela, la série se continue encore pendant près de 30 mètres, par des alternances de calcaire saccharoïde et de calcaire oolithique ou compact, jusqu'au sud des maisons de Landaise, où les formations à Céphalopodes commencent à se montrer.

Sans prolonger cette coupe plus loin et sans entrer dans de grands détails à son sujet, on voit que c'est encore en liaison avec la faune de Valfin que les silex se montrent, et qu'en conséquence ils restent dans le Ptérocérien comme à la Faucille et à la Joux. Ce qui le confirme, du reste, c'est qu'on trouve suffisamment dans les couches qui se présentent au-dessus (et qui sont de 140 mètres suivant M. Hollande, de 127 selon nous), de quoi placer le Virgulien et le Portlandien, tandis que la proximité des assises à *Ammonites Polyplocus* ne permettrait pas de donner au Ptérocérien une épaisseur suffisante, si on le plaçait au-dessous.

Notons encore que, comme à la Faucille et à la Joux, les formations oolithiques coralligènes montent très haut dans la série.

Mollard-de-Vions.

Au Mollard-de-Vions, la succession des assises supérieures est légèrement différente, mais l'épaisseur reste à peu près la même pour arriver jusqu'aux silex. Ainsi les calcaires dolomitiques y sont moins abondants vers le sommet, et plus communs, au contraire, lorsqu'on s'approche du silex où ils sont percés de vacuoles et forment plutôt des amas confus que des couches régulières. Mais où les silex se montrent, on retrouve encore le *Diceras Münsterii* de Valfin, l'*Itieria Cabanetiana,* les Rhynchonelles et les Térébratules de ce niveau. Ces silex se maintiennent donc encore au même niveau qu'au Colombier et sont surmontés comme là d'une oolithe coralligène qu'on ne peut rattacher qu'au Virgulien.

Chanaz et cluse de la Balme.

A Chanaz, je n'ai rien remarqué qui mérite d'être ajouté aux observations de M. Hollande; mais, à la cluse de la Balme, j'ai constaté la succession suivante en partant de la brèche purbeckienne à fossiles d'eau douce que l'on trouve à quelques pas du pont d'Yenne :

1. Calcaire compact sans fossiles	de 20 à 22	m.
2. Calcaire légèrement saccharoïde avec rares petites Térébratules	4 ou 5	»
3. Calcaire compact grisâtre	25	»
4. Calcaire marneux en petits bancs avec taches verdâtres et débris d'*Ostrea*	3	»
5. Calcaire compact blanc, sans fossiles au sommet, saccharoïde, avec *Diceras* et Polypiers à la base.	13	»
6. Grande alternance de calcaire saccharoïde à Polypiers, d'oolithes à *Diceras* et de dolomies vacuolaires, formant des lentilles irrégulières dans la masse.	58	»
7. Dolomie grisâtre en couche régulière avec *Montlivaultia* et autres Polypiers.	2	»
8. Alternance de calcaire blanc, saccharoïde, de calcaire oolithique et de calcaire crayeux, avec *silex,* nids de Polypiers et traces de *Diceras Münsterii*	19	»
9. Calcaire compact, blanc vers le sommet, jaunâtre à la base, avec nombreux rognons et *Terebratula subsella.*	15	»

Le reste de la série n'est plus visible; mais les données précédentes suffisent pour montrer d'abord que, comme au Colombier et au Mollard-de-Vions, les calcaires oolithiques coralligènes montent toujours très haut dans le Jurassique supérieur. Elles font voir aussi que les silex se montrent seulement vers la base de ces oolithes, et qu'ils y sont toujours en contact avec les Térébratules et les Dicéras les plus communs à Valfin.

D'ailleurs, en cherchant à une excavation qui se trouve à peu près vis-à-vis le Pont-de-la-Balme et qui correspond à une partie du n° 8 de notre coupe, nous avons retrouvé la *Corbicella Moreana*, le *Ptygmatis carpathica* et des débris de l'*Itieria Cabanetiana* du ravin classique. On peut donc admettre que ces rognons de silex sont, dans cette partie de la Savoie comme dans le Jura, au niveau du Ptérocérien, et s'aider de leur présence pour déterminer l'âge des couches à Zamites d'Orbagnoux et d'Armailles dont nous allons donner la coupe.

Coupe d'Orbagnoux.

Lorsqu'on se rend d'Orbagnoux à l'ancienne exploitation de schistes bitumineux du torrent de la Dorche, on trouve la série suivante en descendant la série des formations jurassiques :

1. Alternance de calcaire compact et de dolomie . . .	8	m. »
2. Calcaire compact en gros bancs sans fossiles . . .	18	»
3. Couche calcaréo-marneuse à *Ostrea*.	2	01
4. Calcaire compact gris, à gros Ptérocères	27	»
5. Alternance de calcaire compact et de dolomie marneuse. .	19	»
6. Schistes grisâtres et minces en bancs irréguliers avec empreintes d'*Exogyres*	26	»
7. Calcaire blanchâtre, schisteux et lithographique, se divisant en plaquettes régulières de forme rectangulaire ou rhomboïdale .	32	»
8. Schistes noirs bitumineux en feuillets minces, avec traces de Zamites et rares inclusions siliceuses.	15	»
9. Schistes noirs avec veines de silice et rognons siliceux. .	6	»
10. Calcaire saccharoïde à rognons siliceux, devenant oolithique à la base, avec intercalation de schistes	10	»

Ici, pas de formation coralligène dans les assises supérieures.

Toutefois, le Portlandien se reconnaît encore à ses gros Ptérocères et à ses dolomies. On y rencontre, en outre, le petit niveau à *Ostrea* que M. Hollande a signalé au Colombier.

Le Virgulien s'accuse aussi par la présence de l'*Exogyra virgula* dans les schistes gris supérieurs.

Au-dessous on ne rencontre plus de mollusques, mais seulement des Zamites et de rares empreintes de poissons jusqu'aux couches où des traces indéterminables de Dicéras se montrent. Rien donc dans la faune qui puisse rattacher les assises schisteuses inférieures aux autres formations du Jura. Mais si l'on prend en considération les rognons siliceux et que l'on songe à la grande épaisseur qu'il faudrait donner au Virgulien si on lui attribuait tous les schistes, on placera dans le Ptérocérien les plus anciens d'entre eux, c'est-à-dire ceux qui sont associés aux rognons de silex.

Coupe d'Armailles.

La coupe d'Armailles commence à la carrière de Trappon, où une brèche jaunâtre, mêlée de cailloux noirs avec rares Planorbes, constitue le Purbeckien et présente de haut en bas la succession suivante :

1. Calcaire compact avec taches vertes	3 m.	»
2. Calcaire blanc, compact, saccharoïde par places, avec rares Polypiers.	18	»
3. Calcaire dolomitique.	3	»
4. Calcaire compact blanc avec perforations dues à la désagrégation de Nérinées	8	»
5. Schistes gris, très fissiles, présentant seulement par places quelques traces d'*Ostrea Virgula*	22	»
6. Calcaire blanc, parfois oolithique, avec Polypiers . . .	4	»
7. Schistes gris, plus ou moins masqués par la végétation, avec îlots coralligènes et rares Zamites	25	»
8. Schistes blancs, jaunâtres ou bruns, zonés, avec *Terebratula insignis*, traces d'*Ostrea Virgula*, tiges de Zamites et rognons siliceux	12	»
9. Calcaire saccharoïde blanc, contenant des enclaves dolomitiques et des rognons siliceux.	8	»
10. Schistes gris marneux à délits irréguliers avec Ammonites brisées, *Ostrea solitaria* et rognons siliceux. . . .	9	»
11. Calcaire jaune en plaquettes.	1	50
12. Banc coralligène avec Ammonites du niveau de l'*Ammonites Polyplocus*, *Terebratula insignis*, *Cidaris* et *Trigonia*. .	9	»
13. Calcaire compact ou saccharoïde en bancs épais avec Polypiers.	18	»
14. Calcaire saccharoïde avec *Cidaris florigemma*, *Rhynchonella lacunosa*, *Entroques*, *Pecten* et *Diceras* indéterminables. .	2	50
15. Marnes schisteuses, formant marais.		

De cette coupe, il résulte :

1° Que les rognons siliceux ne sont qu'à une dizaine de mètres au-dessus du niveau à *Ammonites Polyplocus*, ou de l'Astartien ;

2° Que ces rognons envahissent la partie inférieure des schistes à Zamites et se montrent en particulier dans les couches n° 8, qui ont été exploitées et qui ont fourni jusqu'ici le plus grand nombre d'empreintes végétales ;

3° Que çà et là quelques bancs ou quelques îlots coralligènes s'intercalent aux schistes et s'élèvent jusqu'aux assises supérieures du Portlandien ;

4° Que l'épaisseur totale de la masse schisteuse, en y comprenant ses enclaves, atteint des proportions considérables par rapport à

Fig. 11.

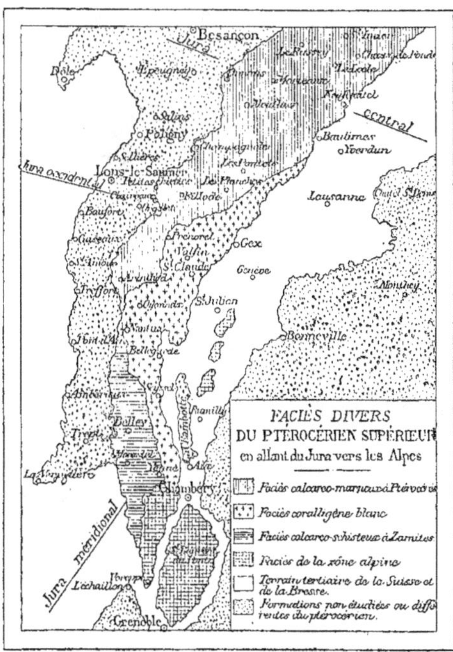

Echelle approximative $\frac{3}{7000.000}$

l'ensemble des assises qui constituent le Jurassique supérieur. Sur les 160 et quelques mètres que ce dernier présente, il ne faut, en effet, pas moins compter de 80 mètres pour ces schistes ;

5° Qu'enfin, c'est à une faible distance de la masse schisteuse que se montrent les premières Ammonites de la zone à *Ammonites Polyplocus*.

On peut donc admettre qu'ici, comme à Orbagnoux, les plus inférieurs des schistes à Zamites se rattachent au Ptérocérien.

Dès lors, ce terrain présenterait, au moins dans sa partie supérieure, quatre facies différents, en allant du Jura vers les Alpes, savoir :

1° Le facies des marnes à Ptérocères des environs de Champagnole et de Salins ;

2° Celui des calcaires et des schistes lithographiques à Zamites des premières assises d'Armailles, d'Orbagnoux et peut-être de la Cuissonière et de Cerin ;

3° Celui des formations coralligènes de Valfin, de Viry, d'Oyonnax, de la Joux, du Colombier, du Mollard-de-Vions et de la Balme ;

4° Enfin, celui des calcaires à Aptychus des régions alpines.

Conclusions.

Lorsqu'on essaye de les représenter sur une carte (voir la carte ci-jointe, *Facies divers*, etc.), on voit que les deux premiers s'étendent à l'extérieur de la chaîne, le facies à Ptérocères au nord, le facies à Zamites vers le sud, et comme ils offrent tous les caractères de dépôts effectués dans des lagunes ou à une faible distance du littoral, on peut les regarder comme les dépôts côtiers de cette époque. Vient ensuite, à une plus faible distance de la Suisse, le facies oolithique coralligène, et, encore plus au sud et à l'est, le facies des assises à Aptychus, qui accuse une mer plus libre et des eaux plus profondes.

Çà et là, comme à Armailles, où quelques oolithes s'intercalent aux schistes, ou bien du côté d'Oyonnax et d'Arinthod, où l'on voit quelques calcaires à plaquettes alterner avec les marnes à Ptérocères, ou bien encore vers Saint-Laurent et Morez, où les marnes à Ptérocères et les oolithes se succèdent à plusieurs reprises, ces facies s'enchevêtrent et montrent ainsi que, soit par suite d'oscillations dans les eaux, soit pour toute autre cause, leur ligne de démarcation ne saurait être nettement tranchée.

Le Virgulien présenterait aussi quatre facies différents : deux à l'ouest, où l'*Exogyra virgula* se montre, et deux vers l'est, où ce fossile fait défaut.

Les deux de l'ouest seraient, au nord, le facies marneux avec enclaves oolithiques, que M. Bertrand a si bien décrit, et, au sud, le facies des calcaires en plaquettes de Morestel, où M. Lory signale l'*Ostrea Virgula* parfaitement caractérisée et qui se rattacherait par Cerin aux couches supérieures d'Armailles et d'Orbagnoux.

Des deux de l'est, le plus éloigné des Alpes serait encore un facies coralligène faiblement ébauché du côté de Valfin et du Grand-Colombier, mais devenant de plus en plus puissant à mesure que l'on s'avance vers le Mont-du-Chat et la cluse de la Balme, où il se montre si riche en Polypiers.

Le plus rapproché serait pélagique comme celui du Ptérocérien qui le supporte en cette région, et continuerait, tant par ses fossiles que par ses caractères stratigraphiques, la transition qui conduit du Jurassique au Crétacé.

Quant au Portlandien, il conserverait dans toute la région des caractères pétrographiques à peu près constants, offrant toujours des alternances de calcaires compacts et de dolomies avec des lentilles irrégulières d'oolithes. Ce ne serait que plus loin que s'amorcerait sérieusement le facies coralligène du Salève et de l'Échaillon.

VII

BORDS DE LA SERRE

Quelques mots sur leurs formations coralligènes.

Après avoir poursuivi de la sorte les formations coralligènes du Jurassique dans le Jura méridional, il est intéressant d'examiner à ce point de vue les environs de Dôle, et de voir si les faits y présentent quelque analogie avec ceux que nous venons de signaler. La région dôloise se recommande, en effet, à tout géologue qui s'occupe des formations Secondaires ou Tertiaires par l'existence du noyau granitique de la Serre, autour duquel les mers de ces divers âges ont déposé leurs sédiments. Tout prouve que, durant la première partie de la période secondaire, ce noyau obéit à des oscillations qui tantôt permirent aux arkoses du Trias d'en envahir presque le sommet, tantôt rejetèrent plus loin les formations du Muschelkalck, tantôt enfin ramenèrent par-dessus ces dernières, à l'Orient du moins, les formations du Lias et du Jurassique inférieur en contact avec le granit.

Mais lorsque les temps du Jurassique supérieur arrivèrent, l'îlot s'agrandit vers le sud et vers l'est; la mer éprouva un recul progressif qui eut pour conséquence de placer le Corallien en retrait par rapport à l'Oxfordien, puis l'Astartien par rapport au Corallien, puis le Kimméridien et le Portlandien par rapport à ce dernier étage. C'est bien là, sur une plus petite échelle, le mouvement d'émersion que nous venons de suivre dans le Jura.

Or, avant que ce mouvement ne se fût prononcé, il y eut là, comme sur l'emplacement de la chaîne, des formations coralligènes contemporaines du Bajocien et riches en incrustations siliceuses. C'est vers l'est principalement, ou en regard du Jura, qu'il est facile de les suivre, et leur apparition s'y trouve plus ou moins liée à l'existence de débris végétaux et d'Entroques. Ougney, Gendrey, Sermange, et surtout le territoire de Vriange, sont riches en formations de cette nature. Elles semblent diminuer d'importance à mesure que l'on s'approche de Dôle, et céder peu à peu la place à des marno-calcaires où abondent des Bryozoaires et des Bivalves roulés.

Lorsque, de là, on remonte vers le nord par le revers occidental de la Serre, les Bryozoaires et les Bivalves paraissent régner seuls, et ce n'est qu'avec peine que çà et là, comme à Sampans et à Montmirey-le-Château, j'ai pu trouver quelques calices de Polypiers en place. Faut-il croire que, dans cette région, les eaux étaient trop profondes pour permettre leur développement? Je ne le pense pas; car tout indique, au contraire, que le sol y était presque à fleur d'eau, et que ce n'est que par l'existence d'une plage atteignant la zone d'agitation des flots, que l'on peut expliquer la présence des Algues, l'existence des Bryozoaires et l'usure qu'ont éprouvée les divers Lamellibranches de ce niveau. Il faut plutôt croire que le trouble des eaux était trop grand et peut-être aussi leur profondeur insuffisante, pour permettre à ces Polypiers de s'établir si près de l'îlot granitique de la Serre.

Quoi qu'il en soit, les Polypiers paraissent avoir abandonné le rivage de la Serre, comme ils avaient abandonné le Jura durant tout le temps qui s'écoula du Bajocien supérieur au Corallien proprement dit. Mais alors ils reparurent en grande masse et formèrent cette fois autour du massif qui s'émergeait de véritables récifs barrières, qui se disposèrent en retrait les uns derrière les autres et à des niveaux de plus en plus élevés, à mesure que l'on s'éloigne du noyau granitique.

Ainsi, lorsqu'on quitte la ville de Dôle par le chemin d'Authume et qu'on se dirige à gauche vers le hameau de Landon, on arrive, au bout de 10 à 15 minutes, à une dépression marneuse qui appartient à l'Oxfordien, dont les couches, difficilement perméables, donnent naissance à un assez grand nombre de flaques d'eau. Si, de là, prenant la marche inverse, on retourne vers Dôle, on voit apparaître, au-dessus de ces marnes, des alternances de marno-calcaire grumeleux et de calcaires fragmentés, où, pendant une vingtaine de mètres, se montrent des Polypiers, des Oursins et des Térébratules caractéristiques du Corallien. Puis viennent des calcaires blancs à structure oolithique, dont l'épaisseur visible n'est pas inférieure à 10 mètres et dont la faune est surtout formée de Diceras, de Nérinées, de Cérithes et de Polypiers. Le tout est surmonté de marno-calcaires bleuâtres qui présentent de 12 à 13 mètres de développement et qui fournissent une chaux hydraulique estimée. Les fossiles qu'elles renferment appartiennent en majeure partie à l'étage Astartien et s'y trouvent associés à des Serpules et à des débris d'Algues. Aucun banc calcaire ne paraît s'intercaler dans ce dépôt marneux du côté de Landon; mais, à mesure que l'on s'éloigne de la Serre pour gagner l'est ou le sud, il n'en est plus ainsi. D'abord, quelques filets de calcaire oolithique, puis des assises de plus en plus épaisses découpent la masse des marno-calcaires et s'y substituent peu à peu. Les Algues et les Serpules se maintiennent encore avec les Térébratules de l'Astartien; mais, à la place des autres empreintes, ce sont des Polypiers, des Nérinées et quelques types de Diceras qui deviennent prédominants. Les premières tendances à ce changement se remarquent le long de la route d'Authume dans les deux ou trois carrières qui la bordent. Il s'accuse mieux vers Brevans et Saint-Ylie, et devient presque complet près de l'abbaye Damparis et de Belvoie. Dans l'espace compris entre ces deux dernières localités, les marnes ne se montrent plus, en effet, qu'en petites assises intercalées à des calcaires oolithiques à la surface desquels pullulent des tiges de Polypiers branchus. Elles s'éteignent enfin près de Belvoie, et c'est à leur place que se présente le beau calcaire blanchâtre et compact qui y a été, dans ces dernières années, l'objet d'une exploitation très active.

Une couche de marnes grumeleuses, qui se montre par-dessus et qui renferme le *Ceromya excentrica* avec des Ptérocères, accuse l'apparition du sous-étage Ptérocérien ou Kimméridien inférieur, et fait présumer qu'il existe plus au sud, dans les assises de cet étage, des transformations analogues à celles qui viennent d'être signalées dans l'Astartien.

Pendant que celui-ci devient ainsi coralligène, le Corallien proprement dit change aussi de faune et d'aspect. Ses bancs oolithiques se mélangent de marnes et de calcaires grumeleux. Dans la faune commencent à dominer des Échinides, des Lima et de petites Valdheimyes. C'est à peine bientôt si çà et là, comme entre Dôle et Saint-Ylie, les oolithes sont bien reconnaissables et si les Diceras et les Polypiers peuvent s'y découvrir. Les Nérinées paraissent plus tenaces; mais le nombre en est sensiblement réduit, lorsque, par suite du plongement des couches vers le sud, on cesse de pouvoir observer le Corallien.

Des études plus nombreuses me permettront bientôt, je l'espère, de constater si ces changements de facies et de faune, que nous venons de suivre au sud et un peu à l'est de la Serre, se rencontrent aussi dans les autres directions.

Pour ne rien préjuger sur ce sujet, j'omets de rapporter ici les observations que j'ai déjà recueillies près de Montmirey-le-Château, de Bretennières et d'Orchamps. J'aime mieux, en terminant, signaler un fait qui, en dehors de la présence des Serpules et des Algues, montre combien les couches astartiennes ont affecté le caractère de dépôt lagunaire. Je veux parler de la distribution même de ces fossiles. Ils sont, en effet, loin d'être également disséminés sur le croissant que les marnes décrivent au sud de la Serre. Les Algues prédominent à l'ouest, et les Serpules à l'est, comme si les conditions de dépôt n'avaient pas été les mêmes dans ces deux directions, et qu'un seuil sous-marin y eut divisé la lagune en deux parties.

Ainsi, soit qu'on les étudie dans la chaîne du Jura, soit qu'on les observe autour de la Serre, les formations coralligènes présentent entre elles des analogies frappantes.

Dans l'une comme dans l'autre région, on les voit n'atteindre qu'une faible épaisseur durant le Bajocien et rester parquées à peu près au même niveau géologique, tandis qu'à l'époque du Jurassique supérieur, elles atteignent un grand développement et s'étagent en retrait, accusant par le fait que le sol obéissait alors à un émergement général.

VIII

NÉOCOMIEN

Coupes. — Facies normaux. — Facies coralligènes.

Néocomien.

En signalant le Néocomien comme le troisième niveau géologique qui renferme des enclaves coralligènes, nous n'avons pas eu seulement en vue l'Urgonien qui en forme le couronnement, et où des Polypiers assez nombreux se montrent associés, dans des conditions bien connues, à des calcaires à Chamas; mais encore la base de cet étage qui présente dans le Jura un facies coralligène assez développé. Nous savons, en effet, par une communication de M. Bertrand à la Société géologique, que, près de Lézat, le Valanginien renferme des assises oolithiques à petits Polypiers et à *Valletia*. Les études que nous avons poursuivies dans la région nous ont permis de retrouver ce facies en plusieurs points, et pour qu'on puisse juger de la façon dont il s'annonce et se développe, nous allons reproduire un certain nombre de coupes prises des environs de Mièges à ceux de la Perte du Rhône. Ces coupes nous permettront en même temps de suivre les changements de facies du Néocomien et d'en faire en quelque sorte la monographie dans le Haut-Jura.

Voici comment ces coupes se distribuent :

1° Sur la limite ouest du Néocomien et en allant du nord-est au sud-ouest : celles de Mièges, d'Ilay, d'Étival et des Crozets;

2° Un peu plus vers l'est et en suivant la même direction : celles de

Saint-Pierre, de la Landoz, de Leschères, de Vichaumois, de Cuttura et de Saint-Lupicin;

3° En troisième ligne, et plus encore du côté de la Suisse : celles de Lézat, de Cinquétral et des Combes;

4° En dernière ligne enfin, tout près de l'arête culminante : celles de Foncine, des Rousses, de Septmoncel et de Charix.

Le tout comprend un espace de 75 kilomètres de long, sur 40 kilomètres à peu près de large.

Je commencerai par celle de Mièges qui a été déjà donnée, mais un peu différemment, par frère Ogérien, et qui est très importante à raison des relations que le Néocomien y présente avec celui de Neufchâtel, si bien décrit par MM. Jaccard et Marcou.

Exposé des coupes.

Coupe des Mièges.

La coupe en question monte du moulin du Saut, où se montre le Purbeckien, au village de Charbonny, près duquel apparaît une tache d'Aptien et de Gault.

On y observe :

1. Marnes purbeckiennes nacrées avec petits cailloux noirâtres. .	2 m.	5
2. Calcaire blanc avec fossiles d'eau douce.	3	»
3. Calcaire et marnes bleues, sans fossiles, avec efflorescences de sulfate de chaux.	8	»
4. Calcaire *oolithique* blanc sans fossiles.	2	»
5. Marnes bleues avec *Natices* et *Venus*.	1	»
6. Calcaire compact.	2	»
7. Calcaire jaunâtre marneux, peu fossilifère, avec *Strombus Sautieri*, *Pholadomya elongata*, et nombreuses arborescences tortueuses	11	»
8. Marnes jaunes, limoniteuses, bleuâtres par places, avec nombreux exemplaires de la *Pholadomya elongata*. . . .	13	»
9. Calcaire jaune, à grains verts, renfermant çà et là des veines de limonite	10	»
10. Marnes jaunes, bleuâtres par places, avec grande abondance de *Spatangus retusus*, d'*Ostrea Coulonii*, d'*Ostrea macroptera*, de *Corbis cordiformis*, de *Rhynchonella depressa*, de Serpules et de Bryozoaires	11	»
11. Marnes jaunes, alternant par place avec des calcaires chloriteux,		

avec *Terebratula prælonga*, *Rhynchonella depressa* et *Ostrea Boussingaulti*. . . . . 15 m. »
12. Calcaire jaune spathique, en bancs minces, avec taches vertes, couvert çà et là de débris d'*Ostrea Boussingaulti*. . . . 32 »
13. Calcaire oolithique avec traces de Polypiers et rares tests de Chamas . . . . 12 »

Total. . . . 123 m. 5

Sur cet ensemble les niveaux fossilifères les plus importants se répartissent ainsi qu'il suit :

1. Niveau : marnes bleuâtres avec *Natices* et *Venus*, nº 5 de la coupe, à . . . . . . 13 m. de la base.
2. Niveau : Marnes jaunes limoniteuses à *Pholadomya elongata*, nº 7 de la coupe, à. . . . . . 30 —
3. Niveau : Marnes jaunes, bleuâtres par places, à *Spatangus*, nº 10 de la coupe, à . . . . . . 53 —

Caractères généraux. — Prédominance des marnes à la base. — Texture oolithique au sommet. Un petit banc d'oolithe se montre déjà au niveau du Valanginien, au nº 4 de la coupe.

Coupe de Foncine.

Telle que je l'expose ici, cette coupe est le résultat du raccordement de deux coupes distinctes, dont l'une a été prise près du village de Foncine-le-Bas, où c'est le Néocomien inférieur qui se montre le mieux, et l'autre à Foncine-le-Haut, où c'est au contraire le Néocomien supérieur qui est le plus visible. Le premier tronçon part du Jurassique et monte jusqu'aux calcaires jaunâtres qui supportent les marnes à *Ostrea Coulonii*, l'autre commence à ces marnes pour aller jusqu'à l'Urgonien. Je dois à l'obligeance de M. Barbaud, propriétaire de la carrière de gypse de Foncine, d'utiles renseignements sur les assises tout à fait inférieures.

Voici quelle est la succession des dépôts, en y comprenant les assises cachées par la végétation :

1. Marnes nacrées avec gros grains noirs . . . . . 3 m. »
2. Alternance de calcaire jaune et de marnes bleuâtres. . . 5 »
3. Marnes nacrées avec gros grains noirs, analogues à celles du nº 1. . . . . 5 »
4. Calcaire jaune, sableux, sans fossiles, avec nombreuses saillies tortueuses. . . . . 18 »

5. Marnes bleues, veinées de bandes jaunes, avec *Terebratula Marcousana* et arborescences tortueuses. . . . . 8 m. »
6 Alternance de calcaire bleuâtre et de marnes jaunes, sableuses, à Serpules et Bryozoaires. . . . . . . 9 »
7. Calcaire jaunâtre marneux, parfois oolithique, avec saillies sinueuses. . . . . 5 »
8. Marnes bleues ou jaunâtres, avec *Ostrea Coulonii, Serpula socialis, Terebratula biplicata, Corbis cordiformis* et quelques débris d'Oursins. 5
9. Calcaire jaune en petits bancs, à taches vertes, avec *Ostrea Boussingaulti* . . . . 15 »
10. Calcaire oolithique blanc avec quelques Polypiers. . . 6 »
11. Calcaire jaunâtre grumeleux à *Rhynchonella depressa* . . 18 »
12. Marnes sableuses, à nodules, sans fossiles. . . . 2 »
13. Calcaire saccharoïde blanc, à Chamas. . . . . 9 »
14. Calcaire oolithique, à gros grains, avec Chamas et Polypiers. .
15. Calcaire compact blanc, légèrement veiné de rose, avec nombreux tests de Chamas dans la pâte. . . . . 12 »

Total. . . . 135 m. »

Les principaux niveaux fossilifères sont ici :

1. Le niveau 6 à Serpules et Bryozoaires, à. . . 48 m. de la base.
2. — 8 à *Ostrea Coulonii*, à. . . . 53 —
3. — 9 à *Ostrea Boussingaulti*, à . . 58 —
4. — 10 à *Rhynchonella depressa*, à. . . 79 —

C'est encore la texture marneuse qui domine dans les premières assises, et le facies oolithique dans les couches supérieures. Les inférieures renferment cependant aussi quelques oolithes blanches, associées à des calcaires jaunâtres marneux n° 7 de la coupe.

Coupe Saint-Pierre.

Cette coupe est prise au levant du village dans la direction des Chauvins, où le calcaire urgonien est exploité comme pierre à bâtir. La végétation qui recouvre les assises les plus inférieures près de Saint-Pierre ne me permet pas de dire s'il y a là du Purbeckien ou non, mais les autres assises de la série sont bien visibles.

Ce sont les suivantes :

1. Marnes jaunes à taches bleues avec *Cardium* et Nérinées. . 3 m. »
2. Calcaire grumeleux à *Terebratula Marcousana*. . . 7 »

3. Calcaire saccharoïde, devenant oolithique par places. . .	9 m.	»
4. Calcaire jaunâtre, en petits bancs, avec traces d'Entroques. .	8	»
5. Alternance de calcaire sableux et de marnes sphérolithiques, en petits bancs, avec débris d'Oursins, *Terebratula biplicata*, Serpules et Bryozoaires.	24	»
6. Marnes jaunâtres, sableuses, avec *Ostrea Coulonii, Ostrea macroptera, Corbis cordiformis* et quelques exemplaires de *Janira atava*.	19	»
7. Calcaire en petits bancs et à taches vertes, jaunâtre en bas, mais devenant gris vers le dessus, nombreuses petites *Ostrea* voisines de l'*Ostrea Boussingaulti*.	15	»
8. Calcaire oolithique avec Rhynchonelles et quelques Polypiers indéterminables.	12	»
9. Calcaire jaunâtre, marneux, à *Ostrea Boussingaulti* et *Janira atava*.	6	»
10. Calcaire oolithique à Polypiers.	14	»
Calcaire jaunâtre sans fossiles.	2	»
Calcaire rosé compact avec rares tests de Chamas. . .	13	»
Total. . . .	124 m.	»

Sans compter les couches invisibles, les niveaux fossilifères principaux sont :

1. Les numéros 2 de la coupe, calcaire à *Terebratulola*, à. 3 m. de la base.
2. — 5, 6, 7 de la coupe, à. . . . 27 —
3. — 9 de la coupe, à. . . . . 101 —

Le facies dominant des couches inférieures est encore le facies marneux, mais assez mélangé de calcaire; les couches supérieures se partagent entre la texture oolithique et la texture saccharoïde avec un petit niveau de marnes. On trouve toujours des traces de texture oolithique vers la base de la formation n° 3 de la coupe.

Coupe des Rousses.

Cette coupe a été prise assez loin du village des Rousses, près du chalet de Tabagno, où le Néocomien se trouve affaissé entre la montagne des Tufs et celle de la Dôle, sous des inclinaisons qui varient très sensiblement d'un point à l'autre et qui feraient croire parfois à des discordances de stratification.

J'y ai remarqué la succession suivante :

1. Brèches à fragments noirs et gris, dépassant souvent la grosseur de la main et plus ou moins masqués par la végétation. .	4 m. »
2. Calcaire blanc, compact, cristallisé par places. . . .	6 »
3. Marnes jaunes, sableuses, à *Pholadomya elongata* et *Strombus Sautieri*	5 »
4. Calcaire blanc oolithique avec rares Polypiers . . .	4 »
5. Calcaire jaunâtre, en petits bancs, avec Bryozoaires. . .	12 »
6. Alternance de marnes et de calcaires jaunes, plus ou moins perforés vers le dessus, avec *Spatangus retusus*, *Serpula socialis*, *Ostrea Boussingaulti*, *Terebratula prælonga*. . . .	15 »
7. Calcaire spathique jaune, en bancs minces et sans fossiles. .	9 »
8. Marnes sableuses avec lits de calcaire jaune, renfermant l'*Ostrea Coulonii*, l'*Ostrea macroptera* et la *Terebratula prælonga*. .	13 »
9. Calcaire en bancs minces, de couleur jaunâtre et plus ou moins couverts de taches vertes, débris indéterminables d'*Ostrea*. .	18 »
10. Marnes et calcaire en petits bancs, avec des rognons siliceux et *Janira atava*.	8 »
11. Calcaire blanc, parfois oolithique, mais généralement saccharoïde et peu fossilifère.	19 »
12. Calcaire blanc saccharoïde ou pétri çà et là de grosses oolithes avec Chamas.	28 »
Total. . . .	131 m. »

Sur cet ensemble les niveaux fossilifères principaux se répartissent comme il suit :

1. Marnes jaunâtres, sableuses, à *Pholadomya* et *Strombus*, n° 3 de la coupe, à.	10 m.	de la base.
2. Alternances de calcaire et de marnes à *Spatangus*, n° 6 de la coupe, à.	31	—
3. Marnes sableuses à *Ostrea Coulonii*, n° 8 de la coupe, à.	55	—
4. Marnes et calcaires en petits bancs à *Janira*, n° 10 de la coupe, à.	86	—
5. Calcaire saccharoïde, n° 11 de la coupe, à . .	103	—

Les dépôts calcaires et marneux ont à peu près un égal développement dans les deux tiers inférieurs de la formation. Le sommet est principalement formé par les calcaires saccharoïdes. On peut remarquer toujours les calcaires oolithiques du n° 4 ou du Valanginien qui renferment déjà quelques Polypiers.

Coupe de Montépile.

Cette coupe, prise près du moulin de Montépile, a été donnée déjà par Étallon, mais un peu différemment. Elle présente à mon avis la succession suivante :

1. Marnes purbeckiennes nacrées, renfermant quelques Characées et des traces de *Physa Wealdina*.	3 m.	»
2. Calcaire grumeleux gris, plus ou moins marneux, passant en haut à des marnes bleuâtres d'aspect purbeckien. . .	9	»
3. Alternance de calcaire et de marnes, avec arborescences tortueuses, *Pholadomya elongata*, *Natica prælonga*, et rares exemplaires de *Pygurus rostratus*.	15	»
4. Calcaire oolithique blanc, facilement désagrégeable et contenant quelques Polypiers.	5	»
5. Alternance de calcaire et de marnes d'aspect jaunâtre, terminée par des marnes sableuses, à nombreuses impressions tortueuses. *Terebratula prælonga* et *Panopea neocomiensis*. .	19	»
6. Calcaires jaunes à *Toxaster complanatus*, surmontés de calcaires blancs subcompacts en bancs épais	12	»
7. Interruption due à des marnes que la végétation recouvre. .	15	»
8. Alternance de calcaire jaune miroitant et de marnes sableuses avec arborescences tortueuses, *Pholadomya* et *Ostrea Coulonii*, surface durcie.	21	»
9. Calcaire oolithique blanc avec Polypiers et Térébratules voisines de celles du Jurassique supérieur.	25	»
10. Calcaire saccharoïde avec tests de Chamas et rares veines d'oxyde de fer.	18	»
Total. . . .	133 m.	»

Sur quoi l'on peut surtout signaler les niveaux fossilifères suivants :

1. Alternance de calcaire et de marnes, avec arborescences tortueuses, *Pholadomya elongata* et *Natica prælonga*, n° 3 de la coupe, à.	12 m.	de la base.
2. Marnes sableuses à *Terebratula prælonga* et *Panopea neocomiensis*, n° 5 de la coupe, à	32	—
3. Calcaire jaune à *Toxaster*, n° 6 de la coupe, à . .	51	—
4. Alternance de calcaire et de marnes sableuses, *Pholadomyes* et *Ostrea Coulonii*, n° 8 de la coupe, à . .	78	—
5. Calcaire saccharoïde à Chamas, n° 10 de la coupe, à. .	124	—

Partage à peu près égal des marnes et des calcaires dans les deux tiers des assises inférieures. Le sommet est moitié oolithique, moitié saccharoïde.

Les calcaires oolithiques de la base (n° 4 de la coupe) contiennent encore des Polypiers et atteignent 5 mètres de puissance au lieu de 4 mètres qu'ils ont aux Rousses.

Coupe de Cinquétral.

Cette coupe va du moulin de Cinquétral à la forêt du Frasnois en passant près de la croix qui domine le village de Cinquétral au levant.

Les assises s'y succèdent ainsi qu'il suit :

1. Marnes purbeckiennes nacrées.	6 m.	»
2. Calcaire rougeâtre, compact, sans fossiles. . . .	4	»
3. Calcaire blanc oolithique, mais peu désagrégeable, avec traces de Polypiers.	12	»
4. Calcaire compact, jaunâtre, à *Pholadomya elongata* et *Terebratula prælonga*	5	»
5. Calcaire oolithique, plus ou moins désagrégeable, avec petits Polypiers branchus.	3	»
6. Alternance de calcaire compact jaune et de minces lits marneux bleuâtres, avec *Panopea Robinaldina*, *Natica pseudo-ampulla* et perforations de Pholades à la partie supérieure. . . .	11	15
7. Alternance de calcaire jaunâtre et de marnes jaunes feuilletées avec arborescences tortueuses et quelques exemplaires de la *Terebratula prælonga*.		
8. Marnes jaunâtres à *Toxaster complanatus*, *Terebratula prælonga*, *Ostrea Coulonii* et *Serpula socialis*	3	50
9. Calcaire sableux, jaunâtre, devenant gris par places et empâté de débris de l'*Ostrea Boussingaulti*	12	»
10. Marnes jaunes sableuses à *Serpula socialis* et *Ostrea Coulonii*.	4	»
11. Calcaire oolithique, jaunâtre, sans fossiles visibles. . .	12	»
12. Calcaire roux sableux à *Rhynchonella depressa* et Nérinées indéterminables.	3	»
13. Calcaire généralement oolithique et blanc, mais parfois rose ou compact, avec gros Polypiers.	12	»
14. Calcaire jaunâtre ferrugineux sans fossiles. . . .	5	»
15. Calcaire fragmenté blanchâtre à texture saccharoïde avec Chamas	28	»
Total. . . .	120 m.	65

Sur quoi la succession des principaux niveaux fossilifères est la suivante :

1. Niveau : Calcaire compact jaunâtre à *Pholadomya elongata* et *Terebratula prælonga*, nº 4 de la coupe, à .	22 m.	»	de la base.
2. Alternance de calcaire compact jaune et de minces lits marneux bleuâtres avec *Panopea Robinaldina*, *Natica pseudo-ampulla* et perforations de Pholades à la partie supérieure, nº 6 de la coupe, à . . .	30	»	—
3. Marnes jaunâtres à *Toxaster complanatus*, *Terebratula prælonga*, *Ostrea Coulonii* et *Serpula socialis*, nº 8 de la coupe, à	41	15	—
4. Marnes jaunes sableuses à *Serpula socialis* et *Ostrea Coulonii*, nº 10 de la coupe, à.	56	60	—
5. Calcaire fragmenté blanchâtre à tests de Chamas, nº 15 de la coupe, à	92	65	—

Facies inférieur un peu moins marneux qu'aux Rousses et à Saint-Pierre. Calcaires oolithiques et calcaire saccharoïde à peu près également développés au sommet.

Les oolithes de la base se montrent à deux niveaux et atteignent un assez grand développement. Ils se montrent de plus en plus riches en Polypiers.

Coupe de la Landoz.

Cette coupe a été relevée dans la combe de la Landoz, à quelque distance de la Chaux des Prés, depuis le Purbeckien qui affleure à quelques pas du chemin de la combe jusqu'à l'Urgonien, visible à l'est dans les bois de Corinthe.

Voici quelle y est la succession des couches :

1. Marnes gris-bleuâtres, avec sphérolithes noirs sans fossiles. .	1 m.	50
2. Calcaire grossier avec débris de bivalves.	2	»
3. Marnes noires, sans fossiles, mais avec sphérolithes. . .	0	80
4. Calcaire blanc dolomitique	2	»
5. Marnes grumeleuses bleues à nombreuses *Physa Wealdina*. .	1	40
6. Calcaire blanc, saccharoïde par places et oolithique en d'autres, Polypiers assez nombreux.	8	»
7. Calcaire jaune ferrugineux avec *Strombus Sautieri*, *Sigaretus Pidanceti* à la base et *Pholadomya elongata* au sommet. .	22	»
8. Alternance de calcaire jaune et de marnes avec traces de Pholades et surface durcie à la partie supérieure . .	17	»
9. Marnes jaunes ferrugineuses avec bancs calcaires intercalés, *Terebratula biplicata, Ostrea Coulonii, Toxaster* et *Serpula socialis*.	15	»

10. Calcaire en plaquettes, rose ou blanc, à nombreuses taches vertes et débris d'Entroques. . . . . 25 m. »
11. Calcaire oolithique avec quelques rares Térébratules et gros Polypiers. . . . . 18 »
12. Calcaire saccharoïde blanc avec longues veines rosées et nombreuses Chamas. . . . . 25 »

Total. . . . 137 m. 70

Sur quoi les niveaux fossilifères les plus importants se répartissent comme il suit :

1. Marnes grumeleuses à *Physa* du Purbeckien, n° 5 de la coupe, à . . . . 6 m. 30 de la base.
2. Calcaire jaune à *Strombus Sautieri, Sigaretus Pidanceti, Pholadomya elongata*, n° 6 de la coupe, à. . 14 » —
3. Marnes jaunes ferrugineuses à *Ostrea Coulonii*, n° 9 de la coupe, à. . . . . 53 » —
4. Calcaire saccharoïde à Chamas, n° 12 de la coupe, à . 112 » —

Prédominance marquée du facies calcaire à la base. Sommet divisé à peu près également entre le calcaire oolithique et le calcaire saccharoïde à Chamas. Les calcaires oolithiques de la base sont un peu moins développés ici qu'à Cinquétral. Ils n'atteignent, en effet, que 8 mètres et présentent une texture plus serrée.

Coupe de Leschères.

Cette coupe commence près de la maison de sur le Goulet-Rond et coupe le chemin de Leschères à la Landoz pour remonter vers la croix du Rivon.

On y constate la série suivante en tenant compte des observations que permettent les pâturages à droite et à gauche de la ligne qui vient d'être indiquée :

1. Marnes nacrées avec des grains noirs parfois siliceux. . . . 3 m. »
2. Calcaire jaune, sans fossiles, avec légère intercalation de marnes jaunes . . . . 7 »
3. Calcaire blanc à grosses oolithes, devenant saccharoïde par places. . . . . 10 »
4. Calcaire compact avec *Pholadomya elongata*. . . . 12 »
5. Marnes sableuses jaunes avec arborescences tortueuses, *Natica* très nombreuses. . . . . 16 »

6. Calcaire compact jaune, en gros bancs, avec surface supérieure durcie.	4 m. »
7. Alternance de calcaires jaunes et de marnes grumeleuses. .	15 »
8. Marnes jaunes ou bleues avec arborescences, *Ostrea Coulonii*, *Ostrea macroptera*, *Toxaster complanatus*, *Serpula socialis*. .	16 »
9. Calcaires jaunes en bancs minces, pétris d'Entroques et d'*Ostrea Boussingaulti*, avec couches marneuses intercalées . .	18 »
10. Calcaire oolithique ou saccharoïde par place, avec quelques Polypiers et moules de Nérinées.	25 »
11. Calcaire saccharoïde, veiné çà et là d'oxyde de fer, avec nombreux débris de Chamas.	10 »
Total. . . .	136 m. »

Sur quoi l'on peut citer les niveaux fossilifères suivants :

1. Calcaire compact à *Pholadomya elongata*, n° 4 de la coupe, à	20 m. de la base.
2. Marnes sableuses jaunes, etc., n° 5 de la coupe, à. .	32 —
3. Marnes jaunes à *Ostrea Coulonii*, *Ostrea macroptera*, etc., n° 8 de la coupe, à.	67 —
4. Calcaire saccharoïde, veiné d'oxyde de fer, n° 11 de la coupe, à.	126 —

A peu près mêmes caractères qu'à la Landoz, seulement les marnes sont un peu plus développées vers le milieu de la formation. Le calcaire oolithique de la base mesure 10 mètres, c'est-à-dire un peu plus qu'à la Landoz. Il reste toujours pauvre en Polypiers.

Coupe de Vichaumois.

Cette coupe commence aux maisons de Vichaumois qui sont les plus voisines de la ferme de Montenet et descend aux scieries du ruisseau de Leschères.

On y trouve, à partir des dolomies portlandiennes :

1. Marnes bleuâtres grumeleuses, formant une dépression recouverte par les cultures et visibles seulement sur	2 m. 50
2. Calcaire jaunâtre compact, en gros bancs, sans fossiles. .	6 »
3. Calcaire oolithique rosé, avec Térébratules et traces de Polypiers.	8 »
4. Alternance de calcaire jaunâtre et de marnes argileuses à *Strombus Sautieri*, *Pholadomya elongata* et Bryozoaires. . .	6 »

5. Calcaire jaune verdâtre, chargé d'Entroques et empâté de rognons de calcédoine à inclusions calcaires. . . .	7 m.	»
6. Calcaire rosé à grosses oolithes analogues à des grains d'orge et renfermant des valves de l'*Ostrea Boussingaulti* . . .	12	»
7. Alternance de calcaire grisâtre à taches vertes et de minces lits de marnes sableuses à *Ostrea Coulonii, Ostrea macroptera, Janira alava* et *Serpula socialis*.	27	»
8. Calcaire saccharoïde gris, oolithique par places, quelques gros Polypiers et traces de Chamas.	20	»
9. Calcaire saccharoïde blanc, traversé par des veines d'oxyde de fer, avec nombreuses Chamas.	26	»
Total. . . .	114 m. 50	

Sur quoi les niveaux fossilifères principaux se succèdent de la façon suivante :

1. Calcaire oolithique rosé avec Térébratules et Polypiers, n° 3 de la coupe, à	8 m.	50	de la base.
2. Alternance de calcaire jaunâtre et de marnes argileuses, n° 4, à *Strombus Sautieri, Pholadomya elongata*	16	50	—
3. Alternance de calcaire grisâtre à taches vertes et de minces lits marneux à *Ostrea Coulonii, Ostrea macroptera, Janira alava, Serpula socialis*, n° 7 de la coupe, à.	41	50	—
4. Calcaire saccharoïde à Chamas, n° 9 de la coupe, à .	88	50	—

Facies calcaire encore plus marqué qu'à la Landoz, dans les deux tiers des assises inférieures. Division à peu près égale au sommet entre les calcaires oolithiques et les calcaires saccharoïdes, qui sont ici très colorés. Les oolithes de la base ont une épaisseur de 8 mètres comme à la Landoz. On y trouve des Térébratules et quelques Polypiers.

Coupe des Combes.

Cette coupe traverse une série de pâturages et de bois depuis le hameau de Très-le-Mur, au sud duquel elle commence, jusqu'à celui de Grand-Essart où se montre le Gault. Je l'appelle coupe des Combes parce que ce dernier hameau est à peu près à moitié chemin de son trajet.

Voici la succession qu'y présentent les couches :

1. Marnes grises nacrées avec sphérolithes noirs, roulés, de la grosseur d'une noisette	1 m.	80
2. Calcaire jaune, compact, en banc de 0 m. 20, sans fossiles .	3	»
3. Marnes nacrées à couches assez régulières, avec quelques exemplaires de *Planorbis Loryi*	0	80
4. Calcaire compact en gros bancs, couverts çà et là de taches jaunes	6	»
5. Calcaire oolithique avec Térébratules, *Valletia* indéterminables et nombreux Polypiers.	15	»
6. Marnes sableuses, jaunes, à *Lima Royeriana*, *Cardium* indéterminables, débris de silex et arborescences tortueuses. .	6	»
7. Calcaire compact jaune, en bancs épais, sans fossiles . .	8	»
8. Alternance de calcaire et de marnes à *Ostrea Coulonii*, *Ostrea macroptera*, *Terebratula prælonga* et *Serpula socialis*. .	12	»
9. Calcaire jaune en petits bancs avec taches verdâtres et débris d'*Ostrea Boussingaulti*.	10	»
10. Calcaire spathique à *Janira atava* et à *Serpula socialis*. .	12	»
11. Calcaire oolithique blanc à Polypiers et Bryozoaires . .	25	»
12. Calcaire blanc, saccharoïde, avec nombreuses Chamas et quelques Polypiers.	12	»
Total. . . .	111 m.	60

Sur quoi l'on peut citer les niveaux fossilifères suivants :

1. Calcaire oolithique à Térébratules, *Valletia* et nombreux Polypiers, n° 5 de la coupe, à . . .	11 m. 60 de la base.
2. Marnes sableuses à *Lima Cardium*, etc., n° 6 de la coupe, à	26 60 —
3. Alternance de calcaire et de marnes à *Ostrea Coulonii*, *Ostrea macroptera*, *Terebratula prælonga* et *Serpula socialis*, n°s 7 et 8 de la coupe, à . . .	40 60 —
4. Calcaire spathique à *Janira atava*, n° 10 de la coupe, à	62 60 —
5. Calcaire oolithique ou saccharoïde, à Polypiers et Chamas, n°s 11 et 12 de la coupe, à . . .	74 60 et 99 60 —

Les marnes inférieures sont un peu plus développées qu'à Vichaumois. En retour, le calcaire saccharoïde supérieur est moins épais et dépourvu de couleur. Les oolithes de la base atteignent ici 15 mètres de développement et renferment de nombreuses *Valletia* avec des Polypiers.

Coupe de Cuttura.

La coupe dont il est question a été relevée en partie sur le chemin qui va du village de Cuttura à Valfin et en partie dans les pâturages qui l'avoisinent.

Elle présente, au-dessus du Jurassique, la série suivante :

1.	Marnes nacrées grumeleuses sans fossiles	1 m.	50
2.	Calcaire compact jaune, sans fossiles	2	50
3.	Marnes nacrées à *Physa Wealdina*.	0	25
4.	Alternance de calcaire et de marnes jaunâtres avec *Pholadomya elongata*, *Nerinea Marcousana*	15	»
5.	Calcaire rose, en grande partie oolithique, avec traces de Polypiers	10	»
6.	Marno-calcaire sableux, avec *Serpula socialis* et valves indéterminables d'*Ostrea*	5	»
7.	Alternance de calcaire et de marnes plus ou moins imprégnées de silice, avec *Serpula socialis* abondante, *Ostrea macroptera*, *Ostrea Coulonii*, *Pleurotomaria Neocomiensis*, *Terebratula tamarindus*, *Terebratula prælonga*	23	»
8.	Calcaire jaunâtre en petits bancs, couverts d'Entroques et tachetés de vert, avec intercalation de petits lits marneux à Bryozoaires et *Terebratula prælonga*	15	»
9.	Marnes grumeleuses sans fossiles, avec rognons siliceux .	3	»
10.	Calcaire oolithique avec Polypiers et nombreuses Chamas .	10	»
11.	Calcaire jaunâtre ou rose avec Chamas	18	»
12.	Calcaire compact blanc avec perforations	21	»
	Total. . . .	124 m.	25

Les niveaux fossilifères les plus importants sont :

1.	Alternance de calcaire et de marnes jaunâtres, etc., n° 4 de la coupe, à.	4 m.	25	de la base.
2.	Marnes et calcaire imprégnés de silice avec *Serpula socialis*, etc., n° 7 de la coupe, à. . . .	34	25	—
3.	Calcaire jaunâtre, en petits bancs, plus ou moins couvert d'Entroques et tacheté de vert, etc., n° 8 de la coupe, à	57	25	—
4.	Calcaire oolithique avec Polypiers et nombreuses Chamas, n° 10 de la coupe, à	75	25	—

A peu près même facies que dans les trois coupes qui précèdent.

La partie tout à fait supérieure de la formation paraît dépourvue de fossiles. Le niveau oolithique de la base est sensiblement moins accusé ici qu'au voisinage des Combes.

Coupe de Lavans.

Cette coupe a été prise de Lavans à Saint-Lupicin, suivant la rectification de la route qui se rend aux Crozets, et complétée par des observations faites au voisinage de Prat sur des assises manifestement supérieures à celles que la rectification met à nu.

Les couches s'y superposent comme il suit :

1. Marnes nacrées avec nombreux sphérolithes et traces de lignite	4 m.	»
2. Calcaire blanc saccharoïde avec *Valletia* et texture oolithique par place.	15	»
3. Marnes grises sableuses avec arborescences tortueuses et *Strombus Sautieri*	3	80
4. Calcaire roux, spathique, couvert de débris d'Entroques et de Bryozoaires	8	»
5. Marnes sableuses, bleuâtres et peu fossilifères en bas, jaunes et riches en *Ostrea Coulonii* au sommet	18	»
6. Calcaire roux, grenu, avec nombreux rognons siliceux à la base, taches vertes et texture plus compacte au sommet, *Serpula socialis, Janira atava, Terebratula prælonga* . . .	23	»
7. Calcaire rose, oolithique, sans fossiles	22	»
8. Calcaire à Chamas, plus ou moins saccharoïde et veiné de rose.	25	»
Total. . . .	118 m.	80

Sur quoi les niveaux fossilifères les plus remarquables sont :

1. Marnes sableuses à *Strombus* et arborescences tortueuses, n° 3 de la coupe, à	19 m.	»	de la base.
2. Marnes sableuses, bleuâtres et peu fossilifères en bas, jaunes et riches en *Ostrea Coulonii* au sommet, à .	30	80	—
3. Calcaire roux, grenu, à *Serpula socialis, Janira atava, Terebratula prælonga*, à	48	80	—
4. Calcaire saccharoïde à Chamas, à . . .	93	80	—

On voit réapparaître ici à la base le faciès marneux presque complètement perdu vers Vichaumois et Cuttura. Il y a de nombreux rognons siliceux dans les couches moyennes. Les fossiles sont rares dans les calcaires oolithiques voisins du sommet. Le niveau oolithique de la base est plus développé qu'à Cuttura et renferme quelques *Valletia*.

Coupe de Charix.

Cette coupe monte du moulin de Charix au village du même nom suivant les contours du chemin. J'y ai trouvé la succession suivante à partir du Portlandien :

1. Marnes purbeckiennes, nacrées ou bleuâtres, avec sphérolithes et *Planorbis Loryi*	8 m.	»
2. Calcaire compact, sans fossiles	12	»
3. Calcaires grossièrement oolithiques avec rares débris de Polypiers	9	»
4. Alternance de calcaire et de marnes jaunâtres sableuses avec *Pholadomya elongata* et *Nerinea gigantea*	14	»
5. Calcaire jaunâtre, sans fossiles	8	»
6. Calcaire jaunâtre en petits bancs minces, avec débris assez nombreux d'Entroques et d'*Ostrea Coulonii*	6	»
7. Alternance de marnes sableuses et de calcaire jaune, compact à la base, oolithique au sommet, avec *Ostrea Coulonii*, *Terebratula prælonga* et *Rhynchonella depressa* dans les marnes. . (Cette formation est masquée çà et là par du glaciaire).	32	»
8. Calcaire compact avec moules de Nérinées.	14	»
9. Alternance de calcaire compact et de calcaire oolithique, sans fossiles	18	»
10. Calcaire rosé, tantôt saccharoïde, tantôt oolithique, avec nombreux débris de Chamas	45	»
Total.	167 m.	»

Sur quoi les principaux niveaux fossilifères sont les suivants :

1. Marnes nacrées, n° 1 de la coupe, à	0 m.	de la base.
2. Alternance de calcaires et de marnes, etc., n° 4 de la coupe, à	29	—
3. Alternance de marnes sableuses et de calcaire jaune, n° 8 de la coupe, à	58	—
4. Calcaire rosé avec nombreux débris de Chamas, à . .	122	—

Retour au facies marneux encore plus marqué qu'à Lavans. Grande épaisseur des calcaires supérieurs. Les calcaires oolithiques de la base sont moins riches en Polypiers et ont une texture plus serrée que du côté de Saint-Claude.

Coupe d'Ilay.

Cette coupe commence près du hameau de la Fromagerie, où se montrent les marnes à *Planorbis Loryi*, pour se terminer sur le chemin d'Ilay à Chaux-du-Dombiel, à un petit pli de terrain renfermant du Gault.

Voici ce que j'y ai pu constater au-dessus du Portlandien :

1. Marnes blanches sans fossiles, avec quelques nodules roulées.	3 m.	»
2. Calcaire marneux, jaunâtre, avec *Pholadomya elongata* et débris de *Venus*.	2	»
3. Calcaire marneux avec enclaves grumeleuses et *Planorbis Loryi*.	1	50
4. Marnes jaunes à *Strombus Sautieri*, *Terebratula biplicata* et *Rhynchonella depressa*, alternant par places avec des calcaires également jaunes	8	50
5. Calcaire oolithique blanc, avec Polypiers et débris de *Valletia*.	4	»
6. Marnes jaunes, argileuses, alternant plus ou moins avec des calcaires rosés, et contenant *Spatangus retusus*, *Corbis cordiformis*, *Ostrea Coulonii*, *Terebratula prælonga* . . .	12	»
7. Calcaire spathique en lames minces, plus ou moins écrasé par compression	10	»
8. Calcaire saccharoïde, très fragmenté et plus ou moins traversé de veines ferrugineuses, tests de Chamas rares et presque méconnaissables	13	»
Total. . . .	54 m.	»

Sur quoi les niveaux fossilifères principaux sont :

1. Calcaire marneux jaunâtre avec *Pholadomya elongata* et *Terebratula biplicata*	3 m.	»	de la base.
2. Marnes jaunâtres à *Strombus Sautieri*, *Terebratula biplicata* et *Rhynchonella depressa*, à . . .	6	50	—
3. Calcaire oolithique blanc avec Polypiers et débris de *Valletia*	15	»	—
4. Marnes jaunes, argileuses, à *Spatangus retusus*, *Corbis cordiformis*, *Ostrea Coulonii*, *Terebratula prælonga*, n° 6 de la coupe, à.	19	»	—

La formation est ici manifestement réduite. Il y a partage à peu près égal entre le facies marneux et le facies calcaire dans les assises de la base. Les oolithes de ce dernier niveau ont seulement quatre mètres de développement.

Coupe d'Étival.

Cette coupe a été relevée presque tout entière près des moulins d'Étival à quelques pas de la ferme de la Crochère. Seulement, comme en ce dernier point les formations inférieures sont masquées par la végétation, j'y ai suppléé par des observations faites à quelque distance de là sur le nouveau chemin des Crozets.

Les assises s'y succèdent comme il suit :

1. Marnes nacrées, avec sphérolithes noirs ou gris, de la grosseur d'une noisette à celle d'une noix	2 m.	50
2. Marnes jaunâtres ou grisâtres, avec *Terebratula prælonga*, débris d'*Ostrea* et d'autres bivalves.	5	»
3. Marnes blanchâtres grumeleuses, voisines de celle de la formation 1, en gros bancs	1	50
4. Calcaire blanchâtre ou bleu, avec grosses oolithes engagées dans la pâte, sans fossiles	16	»
5. Marnes sableuses, jaunâtres ou bleues, passant au calcaire jaune dans leur partie supérieure, *Ostrea Coulonii*, *Corbis cordiformis*, *Terebratula prælonga*, *Spatangus retusus* et traces rares de *Serpula socialis*	18	»
6. Calcaire jaunâtre tacheté de vert, en bancs minces . .	13	»
7. Calcaire blanc-rosé à Chamas très peu visibles . . .	18	20
Total. . . .	74 m.	20

Les niveaux fossilifères principaux sont les suivants :

1. Marnes à *Terebratula prælonga*, débris d'*Ostrea* et d'autres bivalves, n° 2 de la coupe, à	2 m. 50	de la base.	
2. Marnes sableuses, jaunâtres ou bleues, avec *Ostrea Coulonii*, *Corbis cordiformis*, *Terebratula prælonga*, *Spatangus retusus*, et traces rares de *Serpula socialis*, n° 5 de la coupe, à	25	»	—
3. Calcaire rose à Chamas, n° 7 de la coupe, à. .	56	»	—

Les assises sont encore réduites comme à Ilay. Les calcaires et les marnes sont à peu près également développés vers la base. Mais les formations oolithiques de ce dernier niveau sont à structure serrée et ne montrent pas de fossiles.

Coupe de Lézat et des Mouillez.

Cette coupe provient d'un raccordement entre les formations néocomiennes de Lézat et celles des Mouillez, qui sont distantes seulement de quelques centaines de mètres, et qui ne sont pas également observables aux deux localités. A Lézat, ce sont les assises inférieures que l'on aperçoit le mieux; aux Mouillez, ce sont les supérieures.

Voici la succession que j'y ai trouvée à partir des dolomies portlandiennes, très visibles du côté des Villars :

1. Marnes gris-perle, sans fossiles, avec sphérolithes noirs, allant de la grosseur d'une lentille à celle d'une noix . . .	2 m.	50
2. Alternance de calcaire jaune, en bancs minces, et de lits marneux avec tests indéterminables de Bivalves. . . .	10	»
3. Calcaire oolithique à Térébratules analogues à celles du corallien, *Valletia* et nombreux Polypiers branchus . . .	9	»
4. Calcaire verdâtre à texture serrée, sans fossiles . . .	5	»
5. Calcaire roux et peu consistant, en couches minces, avec *Natices* et rares exemplaires de *Pholadomya elongata* . . .	8	»
6. Marnes sableuses, jaunâtres ou bleues, avec *Ostrea Coulonii*, *Corbis cordiformis*, *Terebratula prælonga*	9	»
7. Calcaire marneux, jaune, avec Bryozoaires au sommet. .	12	»
8. Calcaire oolithique désagrégeable, avec traces de Polypiers .	10	»
Total. . . .	65 m.	50

Sur quoi les niveaux fossilifères les plus importants sont :

1. Calcaire oolithique à Térébratules et à Polypiers, n° 3 de la coupe, à.	12 m.	50	de haut.
2. Calcaire roux, peu consistant, en lames minces, à *Pholadomya elongata*, n° 5 de la coupe, à . . .	24	50	—
3. Marnes sableuses, jaunâtres ou bleues, avec *Ostrea Coulonii*, *Corbis cordiformis*, *Terebratula prælonga*, n° 6 de la coupe, à	34	50	—

Prédominance du facies calcaire à la base de la formation, où les couches oolithiques sont bien visibles, quoique moins développées qu'aux Combes, et renferment beaucoup de *Valletia* et de Polypiers. Le calcaire saccharoïde supérieur à Chamas semble faire défaut.

Conclusions.

Lorsqu'on compare entre elles ces diverses coupes, on trouve presque toujours une ligne de séparation nettement accusée entre les formations Valanginiennes à *Pholadomya elongata* et les formations Hautériviennes à *Ostrea Coulonii* qui se rencontrent plus haut. Cette ligne est, par exemple :

A Foncine, dans les marnes à Serpules et à Bryozoaires, n° 6 de la coupe;

A Saint-Pierre, dans la partie supérieure de marnes semblables et de même faune, marquées n° 5;

A Leschères, entre le dépôt calcaire n° 6 de la coupe, qui se termine par une surface durcie, et les alternances de calcaires et de marnes portant le n° 7;

A la Landoz, au-dessus des formations n° 8 de la coupe qui se terminent également par une surface durcie et des trous de Pholades;

A Vichaumois, à la terminaison des marno-calcaires à Bryozoaires, n° 4 de la coupe;

A Cuttura, à l'assise marno-calcaire sableuse, où domine la *Serpula socialis*, n° 6 de la coupe;

A Lavans, immédiatement au-dessus de la formation n° 4, où se montrent les Bryozoaires;

A Cinquétral, au-dessus de l'assise n° 6, percée de trous de Pholades;

Aux Rousses, dans les couches supérieures du dépôt n° 5, qui renferment des Bryozoaires.

Ce qui montre qu'en somme partout où les assises n'ont pas été trop fortement bouleversées, ou bien où la végétation ne les recouvre pas, un dépôt d'eaux peu profondes, tantôt riche en Bryozoaires et en Serpules, tantôt percé de trous de Pholades, sépare le Néocomien inférieur du Néocomien moyen.

Quant à ce dernier, sa limite supérieure est toute indiquée par la disparition des teintes jaunes du calcaire et des marnes et par l'apparition des teintes blanches qui caractérisent l'Urgonien. A ce changement de couleur correspondent aussi des changements très notables dans la faune. Plus ou presque plus d'*Ostrea*, plus de

Serpules, plus d'Oursins, mais seulement des Polypiers, quelques Térébratules et des Chamas. Notons que les rognons siliceux que l'on trouve dans le Néocomien moyen tant à Lavans qu'à Cuttura, les marnes sableuses à Sphérolithes qui s'observent à Foncine, les Nérinées roulées qui se montrent à Cinquétral, prouvent qu'à cette époque du Néocomien la sédimentation ne s'effectuait pas partout à l'abri du mouvement des flots.

Facies normaux et faunes de ces facies.

Ces coupes nous montrent aussi que les caractères stratigraphiques des divers étages et leur faune ordinaire sont bien tels que les ont fait connaître les divers géologues jurassiens, savoir :

Pour le Valanginien, des calcaires grossiers et des marnes de couleur plus au moins limoniteuse où les fossiles dominants sont :

Sigaretus Pidanceti (Coquand).
Strombus Sautieri (Coquand).
Natica prælonga (Desh.).
Panopea Robinaldina (d'Orb.).
Pholadomya elongata (Minet).
Janira atava (d'Orb.).
Terebratula prælonga (Sow).
Pygurus rostratus (Agassiz).

Pour l'Hautérivien, des marnes très développées et pétries de Bryozoaires près de Nozeroy, mais moins puissantes vers le sud-ouest, où des calcaires les envahissent, et qui ont pour fossiles caractéristiques :

Pleurotomaria neocomiensis (d'Orbig.).
Ostrea Coulonii (Id.)
— *macroptera* (Sow.).
— *Boussingaulti* (d'Orbig.)
Janira atava (d'Orbig.).
Venus Cottaldina (Id.).
Terebratula prælonga (Sow.).
— *Tamarindens.*
Rhynchonella depressa (d'Orb.).
Toxaster complanatus (Dub.)
Serpula socialis (Agassiz).

Pour l'Urgonien, des calcaires saccharoïdes blancs ou rosés où dominent les Chamas.

Facies coralligène des couches inférieures.

Mais elles nous font voir aussi, dans les assises Néocomiennes inférieures, des enclaves coralligènes qui sont des mieux accusées près des Combes et de Lézat pour s'étendre de là vers Ilay et Étival, à l'ouest; Leschères, Cuttura, Saint-Lupicin, au sud; Saint-Pierre, au nord; Cinquétral, les Rousses et Septmoncel, à l'est. Mes observations m'ont permis de les suivre encore dans quelques points de la Combe du Lac et au voisinage de Viry. Mais je ne les ai retrouvées que faiblement développées à Oyonnax, du côté de Charix et dans le voisinage de Champformier : ce qui montre qu'elles formaient une lentille analogue à celles que nous avons précédemment étudiées dans le Jurassique supérieur.

On les rencontre dans nos coupes :

au nº 5 des Combes,
au nº 5 de Cuttura,
au nº 2 de Lavans,
au nº 3 de Vichaumois,
au nº 3 de Lézat,
au nº 6 de la Landoz.
au nº 5 de Cinquétral,
au nº 4 de Montépile,
au nº 3 de Saint-Pierre,
au nº 4 des Rousses,
au nº 2 de Mièges, où elles commencent à s'amorcer.

Faune de ce facies.

L'étude que nous en avons faite montre que ces enclaves sont aussi loin d'être également fossilifères partout. Les bancs oolithiques de Mièges ne nous ont, en effet, encore donné aucun fossile. Il en est de même de ceux des Rousses. Et si, comme à Cinquétral et à Montépile, on trouve déjà quelques Polypiers, il faut en réalité venir jusque vers la Combe de Lézat pour rencontrer des *Valletia* et des Térébratules en assez grand nombre. Elles semblent disparaître un instant au voisinage du Rivon pour redevenir abondantes à l'extrémité nord de la Combe de la Landoz, ce qui porterait à croire qu'elles y forment des nids distincts.

Ce qu'il y a de non moins curieux que l'apparition de ces oolithes coralligènes dans les assises inférieures du Néocomien, c'est le développement considérable que présentent au-dessus d'elles et dans leur voisinage les calcaires à Entroques. Nous en trouvons d'assez belles assises à Leschères, à Vichaumois, à la Landoz et à Lavans. On en rencontre encore à Chaux-des-Prés, au Rivon et à Ravilloles, c'est-à-dire sur toute la bordure occidentale de l'aire où les oolithes se sont développées. Il y a, entre ce fait et celui du grand développement des Entroques au voisinage des Polypiers bajociens, une analogie qui ne saurait échapper. Mais, si l'on remarque de plus que le bord occidental des enclaves coralligènes est précisément celui qui était le plus rapproché des rivages d'alors, on ne pourra s'empêcher de reconnaître que ces voisinages durent avoir une influence sur leur apparition.

Plus à l'est, en effet, où la mer devait être plus profonde et plus largement ouverte, les Entroques ne se rencontrent plus qu'à l'état sporadique.

Ajoutons, pour terminer l'étude de cette lentille, que nulle part encore nous n'y avons pu découvrir de grands Polypiers : tous ceux que nous y avons recueillis rappellent les petits Polypiers branchus si communs dans les faibles couches par lesquelles s'amorce l'oolithe Virgulienne.

Quelle importance faut-il attribuer maintenant aux assises nº 8 de Saint-Pierre, nº 10 de Foncine, nº 11 de Cinquétral, où des oolithes se montrent encore avec quelques débris de Polypiers. Indiquent-elles là une seconde lentille coralligène qui s'étendrait plus au nord que la précédente et qui finirait assez rapidement vers le sud ? ou bien n'est-ce qu'un accident local ?

C'est là une question que nous ne pourrions maintenant résoudre. Mais comme on en revoit une apparition près de Charix après une assez longue interruption, nous serions portés à croire qu'à cette époque qui correspond à la dernière moitié de l'Hautérivien, les Polypiers ne se développaient que par petites masses isolées. Les études que nous espérons poursuivre bientôt dans le Doubs nous fourniront sans doute quelques éclaircissements sur ce sujet.

Facies coralligène de l'Urgonien.

Mais un facies coralligène dont l'extension à travers le Jura ne souffre pas de doute, est celui de l'Urgonien qui surmonte les dernières assises dont nous venons de parler.

Marcou avait déjà remarqué que, soit au Salève, soit près de Nozeroy, soit dans les autres régions de nos montagnes, il forme un niveau parfaitement reconnaissable à ses caractères pétrographiques et à sa couleur blanchâtre. Toutes nos coupes nous le montrent se poursuivant sans discontinuité de Mièges vers Charix et Bellegarde, où il forme les beaux escarpements de la perte du Rhône. Elles nous montrent toutefois que ses caractères ne sont pas toujours identiques et que son épaisseur est loin d'être absolument partout la même. Sans parler des veines rosées de manganèse ou de fer qui le colorent depuis les environs de Prat jusqu'à ceux de l'Abbaye et qui ne sont qu'un accident secondaire, nous pouvons remarquer d'abord qu'on trouve à Cinquétral quelques lits d'un calcaire jaunâtre et régulièrement stratifié, engagés dans ses assises inférieures. Ces lits se retrouvent encore dans le voisinage de Châtel-Blanc, et nous ne serions pas surpris de les voir se relier plus ou moins aux formations jaunâtres de l'Urgonien inférieur, que M. Jaccard signale dans le Jura Neuchâtelois. On peut remarquer ensuite qu'en certains endroits le calcaire est beaucoup moins oolithique qu'en d'autres. Ainsi, avec une épaisseur à peu près égale, il l'est beaucoup moins aux Rousses qu'à Montépile et dans le voisinage des Combes. C'est généralement vers la base que le facies oolithique se montre le mieux.

Faune de ce facies. — Mais c'est surtout l'épaisseur et la faune de ces assises qui présentent des variations très sensibles. A Mièges, elles ne mesurent que 12 mètres et les Chamas y sont très rares. Il en est de même à Craon et à Saint-Pierre; mais, à mesure que l'on se porte vers le sud et vers l'est, l'épaisseur augmente et les Chamas se montrent plus répandues. C'est surtout vers Leschères, Viry et Charix qu'elles nous ont paru présenter leur plus beau développement. Leur rareté sur plusieurs des points intermédiaires à ces dernières localités, nous fait encore croire qu'elles se sont déposées par nids, ressemblant en cela à beaucoup de types des facies coralligènes du

Jurassique. Comme nous les trouvons à peine à Étival et très peu du côté d'Ilay, et qu'en même temps les formations urgoniennes sont peu développées dans cette direction, nous pouvons croire qu'alors le bord occidental du bassin était en voie d'émergement. Il en était probablement de même du côté de Mièges; car comment expliquer avec une mer largement ouverte les différences qui s'observent entre le Néocomien du Jura Neuchâtelois et celui du voisinage de Saint-Claude? Quoi qu'il en soit cependant de ce point, ce n'est qu'en quelques endroits, comme à Ponthoux, aux Combes et à Viry, où le facies oolithique est fort développé, que les Polypiers et les Chamas sont assez facilement séparables de la roche qui les contient. La principale de ces dernières est la *Chama Ammonia*. Ce n'est guère qu'au voisinage des Combes que j'ai trouvé des Térébratules et des Nérinées faciles à dégager. Il est curieux de ne plus rencontrer ici les bancs dolomitiques si communs au voisinage des récifs coralligènes du Jurassique supérieur.

IX

COMPARAISON SOMMAIRE

Des formations coralligènes du Jura avec celles de quelques-unes des régions les mieux connues.

Maintenant que nous avons établi l'âge des formations coralligènes du Jura et reconnu les principaux caractères qu'elles présentent, il est intéressant de chercher quels rapports elles peuvent avoir avec celles des autres régions. On sait que, parmi ces dernières, les plus étudiées jusqu'à ce jour sont celles du Dévonien et du Carbonifère de l'Ardenne, sur lesquelles M. Dupont a fait de si remarquables travaux; celles du Bajocien de la Lorraine, si patiemment étudiées par M. Bleicher dans les environs de Nancy, et celles enfin du Corallien de la Meuse et de la Haute-Marne, à l'observation desquelles se sont appliqués MM. Buvignier, Royer, Tombeck, de Loriol et Douvillé.

Si nous reprenons d'abord nos formations bajociennes, nous verrons qu'elles ont plus d'une analogie avec celles que M. Bleicher a décrites dans le Bajocien de la Lorraine (*Bulletin de la Société géologique,* tome XII, pages 46 à 107).

Comme ces dernières, en effet, elles forment des amas lenticulaires discontinus et d'une faible élévation qui, loin de se montrer toujours parquées au même horizon, s'étagent au contraire à divers niveaux. On remarque aussi que la masse principale des récifs est constituée, dans l'une comme dans l'autre région, par des Polypiers globuleux, et que les couches sédimentaires qui se trouvent dans leur intervalle sont très variables de structure et de forme. On remarque enfin qu'en Lorraine comme au Jura, ces couches coralligènes sont rarement d'un blanc pur, et que les fossiles y sont distribués par nids.

Ajoutons encore que, si, en Lorraine, l'importance des récifs à Polypiers diminue généralement à mesure que l'on s'avance vers le centre du bassin de Paris, on les voit aussi, dans le Jura, s'atténuer sensiblement lorsqu'on se porte de l'ouest vers la Suisse, et se réduire déjà dans le Jura Neuchâtelois à quelques lits calcaréo-marneux qui ne renferment que de rares Polypiers.

Mais la ressemblance cesse là, et tandis qu'en Lorraine les couches qui avoisinent les récifs sont plutôt formées d'oolithes irrégulières, ces couches se trouvent constituées dans le Jura par des calcaires à Entroques avec débris d'Oursins, ou des calcaires compacts, assez pauvres en fossiles.

Je n'ai pas encore trouvé non plus dans cette région des récifs à Polypiers branchus, tels que les massifs à *Haplophyllia Guettardi*, que M. Bleicher signale au milieu de ses calcaires oolithiques coralliens.

Pour retrouver un peu les calcaires à Entroques associés aux récifs bajociens du Jura, il faut se reporter aux calcaires à Encrines qui ont, en grande partie, comblé, comme le dit M. Dupont, les récifs carbonifères de Vaulsort, ou aux puissantes masses blanches à débris d'Echinodermes qui, près d'Erville et de Lérouville, séparent l'un de l'autre ou supportent les massifs à Polypiers, par lesquels débute le Jurassique supérieur. Seulement, à ces deux époques, les Polypiers constructeurs n'étaient pas les mêmes que durant le Bajocien.

Si nous passons de là aux formations coralligènes du Jurassique supérieur, nous y rencontrerons plusieurs des caractères que M. Dupont signale dans les récifs qui bordèrent au nord et au sud les rivages émergés du bassin de Dinant, durant le dépôt des assises Givétiennes et Frasniennes.

Ce sont, en effet, les mêmes irrégularités de contour, le même développement des récifs en longues bandes et la même abondance de chenaux dans leur intervalle.

Il y a plus, car, de même qu'entre la terre ferme et les récifs de Givet et de Mariembourg, ainsi que dans l'intervalle de ces récifs, les dépôts vaseux furent assez abondants pour donner lieu à de puissantes masses de schistes, de même aussi nous voyons, vers l'ouest du Jura et dans les intervalles des bandes coralligènes, les marnes acquérir une importance marquée. Leur faune rappelle aussi dans ses traits généraux celle des schistes primaires.

Aux *Murchisonia* paraissent correspondre les Nérinées; aux Rhynchonelles du groupe de la *Cuboïdes,* les Rhynchonelles du groupe de la *Pinguis;* aux Stringocéphales, les Térébratules. En s'avançant des rivages vers les récifs, on voit, dans l'une comme dans l'autre région, les assises devenir de plus en plus noduleuses et passer au calcaire en se laissant envahir par les Polypiers. Dans le Jura, c'est la *Rhynchonella pinguis* et les *Diceras* qui se multiplient, tandis que, dans l'Ardenne, c'est la *Rhynchonella Cuboïdes, l'Aviculo pecten-neptunii* et les *Caramophoria* qui deviennent abondants.

Il est vrai que lorsqu'on aborde les récifs, on trouve que les alternances de calcaires compacts et de calcaires construits sont plus régulières dans le Jura que dans l'Ardenne. Mais, si l'on s'approche de leur centre, les analogies se retrouvent dans l'une comme l'autre région, les Polypiers s'enchevêtrent, se ramifient et ne donnent plus que des masses saccharoïdes sans traces de stratification, où pullulent çà et là les débris des organismes qui les ont formés. Par delà, vers ce qui paraît avoir été la haute mer, les couches redeviennent plus régulières, et ce sont les Céphalopodes qui se montrent (Goniatites dans l'Ardenne, Ammonites dans le Jura).

Ces analogies paraissent se poursuivre jusque dans les dolomies dont les lentilles irrégulières se répartissent étrangement, aussi bien sur le pourtour des récifs de l'Ardenne que près de ceux du Jura. Seulement, tandis que, dans le Jura, leur disposition par assises bien litées ne permet pas de révoquer en doute leur origine sédimentaire, les amas confus qu'elles présentent dans l'Ardenne peuvent faire croire souvent à un métamorphisme. Celles qui les rappelleraient le mieux seraient celles de la cluse de la Balme, où la stratification se montre si confuse.

Les plus inférieures et par le fait les plus occidentales des formations coralligènes du Jurassique supérieur dans le Jura ont aussi un trait de ressemblance avec celles qui leur sont contemporaines dans la Haute-Marne. On sait, en effet, que plusieurs de ces dernières semblent former îlots au sein de formations marneuses qui viennent mourir à leur contact. C'est bien le cas des récifs de Châtelneuf et des Échines, si bien décrits par M. Girardot. Il est curieux de constater, après cela, qu'avec la même couleur blanchâtre, la même tendance à l'extension sur de grandes surfaces et de grandes analogies dans la faune, les formations coralligènes du Jurassique supérieur dans le Jura ne présentent dans leur voisinage qu'un faible développement de ces calcaires à Entroques, que nous savons si développés autour de celles de la Meuse et dont nous avons déjà parlé à propos du Bajocien. Il est aussi curieux de ne plus retrouver près de ces dernières les dolomies si communes au Jura. Mais, dans la Meuse comme dans le Jura, les massifs construits sont souvent surmontés de grosses oolithes, et souvent, dans leur sein, il se rencontre des enclaves de la roche sous-jacente qui paraissent avoir été roulées et qui auraient comblé les vides laissés par les Polypiers durant leur développement. Enfin, si celles du Jura s'amorcent du côté du couchant dans des marnes à faune littoral, Buvignier fait remarquer aussi qu'assez fréquemment dans la Meuse, on voit les oolithes passer à des marnes qui leur sont synchroniques, et dont la faune, principalement formée de Pholadomyes, accuse un fond vaseux.

Quant aux formations coralligènes du Néocomien, elles rappellent trop bien celles du Jurassique supérieur pour qu'il soit nécessaire de s'y étendre longuement. Leur distribution n'est assurément plus la même, et les dolomies y sont beaucoup plus rares, ce qui rapproche ces formations de celles du Jurassique de la Meuse. Mais il est bien certain que les *Valletia* que l'on rencontre dans l'une et les Chamas que l'on trouve dans l'autre correspondent aux Dicéras du Jurassique supérieur. Les autres types appartiennent aussi généralement à des genres voisins de ceux qui accompagnent les Dicéras dans les dépôts coralligènes du Jurassique.

X

RÉSUMÉ GÉNÉRAL ET CONCLUSIONS

Si nous essayons de résumer, en terminant, ce que nous savons des diverses formations coralligènes, nous pouvons dire d'abord que ces formations acquièrent pour la première fois une sérieuse puissance au niveau du Bajocien. C'est à cette époque qu'apparurent les récifs de Molamboz, du fort Saint-André, de Chaussenans, du Fied du Bourg de Sirod, de Cessia, du Martinet près de Saint-Claude, et du Crêt-de-Chalame. Ils forment tous une excroissance discoïdale, une sorte de gâteau qui s'élève de 5, 8, 10 ou 15 mètres au plus au-dessus d'un calcaire spathique et luisant qui lui sert de base et dont le type est celui des carrières de Saint-Maur et de Crançot. Leur masse est principalement siliceuse, et beaucoup de Polypiers y sont tachés à la surface des teintes jaunes de l'oxyde hydraté de fer. Mais ce qui caractérise principalement ces récifs, c'est leur discontinuité visible et le peu de développement qu'offrent à leur contact les calcaires à petits grains que l'on désigne du nom d'oolithes.

Quelle que soit la raison pour laquelle ces calcaires sont restés rudimentaires aux voisinages des Polypiers, il est bien évident que la présence de ces derniers est l'indice d'une température élevée et d'une faible profondeur dans les mers qui couvraient alors le Jura. Il fallait même que les eaux y fussent notablement chaudes pour que les récifs se montrent en majeure partie constitués par les Polypiers de la tribu des Astréacées, qu'un abaissement peu considérable de température fait facilement disparaître. Quant à la faible profondeur des eaux, nous en trouvons une preuve dans un grand nombre de faits, qui démontrent ou un émergement ou une tendance vers l'émergement en beaucoup de points de la chaîne.

On doit donc se représenter le Jura comme formant, à cette époque lointaine, un bas-fond océanique, un peu plus incliné à l'est qu'à l'ouest, et où des saillies éparses servaient d'appui à autant de récifs.

Dans l'intervalle de ces derniers circulaient des courants marins où se faisait sentir l'agitation des marées, dénudant par ci et répandant par là des produits détritiques jusqu'au moment où le sol s'exhaussa suffisamment pour être hors de l'eau. Lorsque, après cela, l'Océan revint, quelques parties du sol restèrent exondées; tels furent, à mon avis, la plupart des points qui forment aujourd'hui la falaise Bressanne. Ces points gagnèrent peu à peu durant les périodes suivantes et finirent bientôt par former un îlot continu de chaque côté duquel se déposèrent les assises bathoniennes, kelloviennes et oxfordiennes, tantôt dans des conditions de profondeur sérieuse, tantôt presque à fleur d'eau, comme cela avait eu lieu vers la fin du Bajocien. Seulement, par des circonstances qu'on ignore, les Polypiers n'apparurent presque pas durant les nouvelles phases d'exhaussement. On retrouve bien encore, par exemple, des surfaces durcies et des dépôts roulés au sommet du Bathonien; mais c'est à peine si çà et là, comme aux Prés-de-la-Rixouse, il s'y rencontre quelques Coraux épars.

C'est à l'époque du Corallien classique que ces dernières reprirent une véritable importance et présentèrent cette fois les caractères qu'ils offrent dans les mers des tropiques : couleur blanchâtre, texture cristalline ou grenue, association à tout un ensemble de formes dites coralliennes, tels que : Diceras, Nérinées, Colombellaires, Buccardes, etc. Une ceinture de récifs s'établit autour du sol émergé, en passant par Sellières, Mouchard, Port-Lesney, Dournon, Châtelneuf, Pillemoine, Châtel-de-Joux et Meussia. Presque partout, de leurs fragments détachés et roulés par le flot, se forma un calcaire oolithique à stratification très confuse.

Leur apparition ne fut cependant pas simultanée pour tous les points de la chaîne. Les premiers qui se montrèrent furent ceux de Sellières, de Port-Lesney, de Dournon et de Pillemoine, qui surmontent presque immédiatement les marnes oxfordiennes et dont quelques-uns ont encore un facies marneux; puis vinrent ceux de Châtelneuf, de Châtel-de-Joux et du cirque de Giron, près de Meussia, où les calcaires oolithiques se montrent plus abondants. Les uns comme les autres portent l'empreinte de formations effectuées à de faibles profondeurs. A Sellières, on y trouve des lignites; à Dournon, des lithodomes; à Châtelneuf, une brèche à Échinodermes; à Pillemoine, des trous de Pholades; à Châtel-de-Joux et aux environs de Meussia, de grosses sphérolithes, qui tous accusent

Carte représentant le retrait des récifs à Polypiers durant le jurassique supérieur

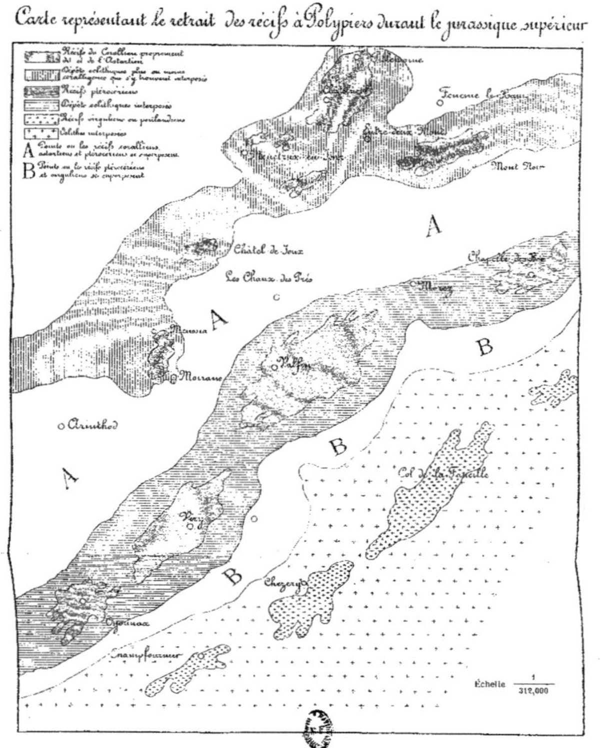

ou la présence de seuils sous-marins, ou l'existence d'un rivage peu distant. S'il pouvait rester quelque doute à ce sujet, il suffirait, pour le faire disparaître, de citer la découverte récente de lits de lignites et d'empreintes de végétaux terrestres bien déterminables, faites à ce niveau dans le voisinage de Châtelneuf par notre éminent compatriote, M. Abel Girardot.

De ces localités, comme centre, les Polypiers s'épanouissaient dans les régions voisines, et c'est ainsi qu'on ne peut parcourir les abrupts qui surmontent au levant les marnes de la Combe-d'Ain sans en rencontrer des traces. Si, à la fin de cette période, la mer du Jura se fût trouvée dans les mêmes conditions que celle du bassin de Paris, les récifs y auraient peut-être disparu pour toujours. Mais on a lieu de croire qu'alors un seuil émergé dans les environs de Dijon rattachait les Vosges au Plateau central et isolait les deux bassins. Tandis que celui de Paris, étendu vers le nord, n'avait peut-être plus la température exigée pour le développement des Polypiers, celui du Jura, ouvert au midi et alimenté par des eaux plus chaudes, était, au contraire, dans les conditions les plus favorables à leur multiplication. Aussi, pendant qu'autour de Paris les formations coralligènes font place à de nouveaux dépôts, elles se maintiennent dans le Jura et y prennent même un développement plus grand qu'au début de la période. Seulement, ici, une différence se présente entre les récifs de l'ouest de la falaise et ceux de l'est. Tandis qu'en effet, les premiers restent à peu près à la même place, comme on peut le voir aux environs d'Aiglepierre et de Port-Lesney, où ils se greffent l'un sur l'autre, tantôt plus forts, tantôt plus faibles, jusque vers la fin de la série jurassique, les seconds se retirent graduellement vers le sud-est et dessinent de grandes lignes en retrait vers les Alpes.

On en doit conclure que la mer se retirait alors de ce côté, et que peu à peu la masse actuelle du Jura sortait hors de l'eau. Ainsi, après la ligne de récifs de Pillemoine, de Châtelneuf, de Châtel-de-Joux et de Meussia (voir la carte ci-jointe), vient celle du Rizoux, de Valfin, de Viry, d'Oyonnax, de Charix et d'Échallon, où les Polypiers pullulent et présentent une variété prodigieuse de formes. Elle se relie à la précédente par plusieurs indigitations coralligènes intercalés à des sédiments marneux dont l'origine lagunaire ne peut faire de doute, puisqu'on n'y trouve qu'une faune littorale et pas de traces d'Ammonites. Ce sont des indigitations de cette nature que l'on rencontre à Ménétrux, à Chaux-des-Prés, à Leschères, à la Landoz, à Saint-Pierre et aux Frasses.

Leur existence prouve que, si le retrait de la mer fut suffisant pour transporter vers le sud-ouest la ligne des récifs, il ne se fit cependant pas sans oscillation de la masse liquide. Celle-ci revint, puis se retira, revint encore et disparut enfin complètement, perdant à chaque oscillation une partie de son domaine. Et c'est ainsi que l'on voit les indigitations coralligènes gagner de plus en plus de hauteur à mesure que l'on s'avance vers les Alpes, et passer peu à peu de l'Astartien au Ptérocérien, au Virgulien, etc. Les récifs eux-mêmes subirent l'influence de ces balancements des eaux, car, pour ne prendre que celui de Valfin qui est le mieux connu, on voit que les Polypiers y forment deux niveaux séparés par quelques faibles assises qui correspondent à une intercalation du Ptérocérien, visible près des maisons de Sur-la-Côte. Il m'a semblé qu'il en était de même pour ceux de Viry et d'Oyonnax, que j'ai cependant moins étudiés. Y a-t-il quelque part, dans cette seconde ligne de bancs coralligènes, des traces de végétaux terrestres? Je ne saurais le dire. Le fait est que je n'en ai jamais rencontré et que je ne connais personne qui en ait signalé jusqu'à ce jour. Mais à voir la faune de Gastéropodes qui s'y abrite, les nombreux tests de Lithodomes qui s'y rencontrent et surtout les grosses oolithes roulées, dont les plus beaux types se rencontrent près du ravin de Valfin, on ne saurait douter qu'il n'y ait encore là une formation d'eaux peu profondes.

On était, alors, à l'âge du Ptérocérien; mais, le sol continuant à émerger du côté du nord-ouest, les récifs reculèrent encore vers les Alpes et formèrent des barrières successives, contemporaines, les unes du Virgulien, les autres du Portlandien, d'autres enfin du temps indéterminé qui s'écoula entre le Jurassique et le Crétacé. Seulement, en voyant à Charix et à Échallon des récifs d'âge Virgulien s'implanter en quelque sorte sur ceux de l'âge précédent, tandis qu'ils s'en éloignent beaucoup au nord-ouest, on peut conclure que le déplacement de ces lignes ne fut pas égal partout. Considérable au voisinage de Valfin et de Viry, il fut presque nul vers la perte du Rhône.

Les points nouveaux où les récifs se rencontrent cette fois sont ceux de Champformier, de Chézery, de la Cluse de la Balme et des environs de la Faucille. Au delà, les dépôts tertiaires de la plaine suisse masquent le Jurassique sur une grande largeur et ne permettent plus de le suivre. Mais lorsqu'on arrive à la montagne du Salève de l'autre côté du Léman, la réapparition des Polypiers vers la base du Crétacé fait supposer qu'ils se sont régulièrement continués jusqu'au pied des Alpes. Pendant qu'ils se retiraient ainsi vers l'est, l'émergement gagnait dans le Jura, si bien que peu à peu le régime franchement marin y était remplacé d'abord par le régime d'eau saumâtre, puis par le régime d'eau douce. Des couches nombreuses de dolomie et de gypse, rappelant les bancs caractéristiques du facies littoral du Trias, des empreintes d'Algues, des brèches variées, des trous de Pholades et çà et là quelques surfaces durcies ou taraudées, montrent qu'on arrivait à une ère continentale.

Vint alors le Purbeckien avec un dédale de lacs et d'étangs, où poussèrent les Charas et où se multiplièrent les Planorbes et les Physes. L'âge du Jurassique était fini, et la période du Crétacé allait s'ouvrir.

Tout porte à croire qu'alors la mer s'était retirée vers les Alpes, et que, tandis que le Jura se couvrait ainsi de formations lacustres, la série des dépôts marins se continuait sans interruption plus à l'est; ce qui fait qu'il est si difficile de séparer le Jurassique du Crétacé, soit en Suisse, soit en Provence, soit dans le Dauphiné. Cette mer fit cependant quelques incursions dans les étangs purbeckiens du Jura, comme si, n'ayant cédé qu'à regret son domaine, elle eût tenté de le reconquérir. Et c'est ainsi que s'expliqueraient les alternances d'assises saumâtres et d'assises d'eaux douces qui se constituèrent alors.

Elle y parvint, en effet, lorsque s'ouvrit l'ère néocomienne. Elle envahit alors les lacs purbeckiens et s'étendit jusqu'au couchant de Jeurre, de Prat, des Crozets, de Saint-Maurice et d'Ilay. Ses eaux étant encore chaudes et son lit peu profond, les Polypiers purent reparaître avec elles, et c'est ainsi que pour la troisième fois ils édifièrent des récifs dans le Jura.

Ils n'y acquirent cependant pas un développement comparable à celui qu'ils avaient présenté à l'époque précédente. Soit par suite d'un abaissement dans la température des eaux, soit à raison du fer que la mer contenait et qui a coloré en rouge une partie notable des sédiments, ils n'y offrirent plus ces masses coralligènes épaisses qu'on s'est habitué à voir dans le Jurassique supérieur.

Il y eut même une longue phase d'interruption dans leur développement, ce qui permet d'y établir deux séries.

La première appartient au sous-étage Valanginien et suit d'assez près le retour de la mer. Elle est caractérisée par des récifs à petits Polypiers branchus d'une épaisseur de 10 à 15 mètres, dont les principaux sont ceux des Combes, de Lézat, de Viry et de Charix, qui sont reliés entre eux par des assises moins puissantes de calcaires oolithiques, mais où quelques Polypiers se rencontrent encore. L'absence de ces calcaires vers Nozeroy et leur diminution progressive de puissance dans cette direction et dans celle des Rousses, me font supposer que les assises coralligènes constituaient une sorte d'écharpe jetée en travers du Jura dans la direction du Salève, et ayant pour centre les environs de Saint-Claude.

A sa plus grande épaisseur, près des Combes et de Lézat, elle présente quelques formes nouvelles de Nérinées, des Térébratules analogues à celles des récifs du Jurassique et un grand nombre de Chamacées du genre *Valletia*, qui permettent d'en suivre le niveau très loin.

Mes connaissances sur le Néocomien ne sont pas assez complètes pour que je puisse rien affirmer sur les conditions de relief du sol qui ont amené l'existence de cette bande coralligène; mais je serais très porté à croire qu'elle correspond à un seuil sous-marin coupant la mer en deux tronçons, dont l'un allait vers Neuchâtel dans la direction du nord, et l'autre, vers Seyssel dans la direction du sud.

Quoi qu'il en soit toutefois de cette question, lorsque s'ouvrit l'âge des marnes d'Hauterive, les Polypiers subirent une forte atteinte dans le Jura. Presque tous les affleurements de cet étage en semblent, en effet, dépourvus et tranchent par là sur les formations qui les supportent ou qui les surmontent. Cela vient-il d'une recrudescence dans les émanations ferrugineuses qui ont donné le calcaire de Neuchâtel, ou bien est-ce dû à une distribution du fond de la mer défavorable à leur développement? Je ne saurais le dire. Ce qui paraît bien certain, c'est qu'alors les eaux avaient notablement gagné d'étendue, et que pendant qu'un golfe s'avançait jusqu'à Saint-Julien, recouvrant directement le Jurassique de ses assises à *Ostrea Coulonii*, un autre qu'on suit à la trace, grâce aux sédiments qu'il a laissés, contournait la falaise Bressanne et la pointe nord de la Serre, pour s'étendre probablement jusque dans le bassin de Paris.

C'est au moment du recul de cette mer et après l'apparition des premières couches urgoniennes, que la seconde série corallienne du Néocomien commença. C'est alors que s'épanouirent les Rudistes du genre Chamas et que se constituèrent les calcaires saccharoïdes que l'on exploite en plusieurs points de la région comme marbres. Mais les récifs n'y ont plus la même puissance qu'à l'époque Jurassique, et les Polypiers n'y vivent en colonies que sur quelques points, comme aux Combes, au Rivon, à Saint-Pierre et à Cinquétral. Peu à peu leurs rangs s'éclaircissent et l'âge des récifs cesse pour le Jura. C'est plus au sud, vers la Provence, qu'il faut les chercher désormais.

De cette étude, il résulte que, pendant tout leur développement, les mers de notre région présentèrent la température des mers tropicales et qu'elles furent sujettes à de nombreuses oscillations. La chaleur d'alors est du reste confirmée par la flore contemporaine, principalement formée de Cycadées, de Fougères et de Conifères, dont les analogues ne se rencontrent que sous les tropiques. Quant aux oscillations du sol qu'ils font supposer, elles sont en harmonie parfaite avec l'intercalation à plusieurs niveaux de produits de charriage, et avec l'apparition, sur la fin du Jurassique, des sédiments lacustres du Purbeckien. Mais, en les voyant quitter le bassin de Paris bien avant celui du Jura et s'effacer un peu plus tard dans ce dernier, on peut admettre qu'à cette époque déjà, l'uniformité de climat de la période houillère avait disparu et que les lignes de froid commençaient à s'accuser vers les pôles. Peut-être aussi les influences locales d'orientation des golfes se faisaient-elles assez sentir durant le Néocomien, pour permettre d'expliquer comment les Polypiers s'y montrent plus abondants en certains points et plus rares en d'autres. Ce qu'il y a de bien certain, c'est que le recul graduel qu'ils présentent du côté des Alpes durant le Jurassique supérieur, nous fait envisager sous un jour tout nouveau le passé de notre région, et nous y montre le facies coralligène se poursuivant à plusieurs niveaux, qu'on ne saurait tous rattacher au *corallien classique*.

Vu et approuvé :
Paris, le 6 août 1887,
Le Doyen,
E. HÉBERT.

Vu et permis d'imprimer :
Le Vice-Recteur de l'Académie de Paris,
GRÉARD.

DEUXIÈME THÈSE

PROPOSITIONS DONNÉES PAR LA FACULTÉ

ZOOLOGIE. — Des insectes.

BOTANIQUE. — Des muscinées.

Vu et approuvé, Paris le 6 Août 1887.

Le Doyen,

HÉBERT.

Vu et permis d'imprimer, le 6 Août 1887.

Le Vice-Recteur de l'Académie de Paris,

GRÉARD.

TABLE DES MATIÈRES

I. INTRODUCTION GÉNÉRALE. 5
Aperçu préliminaire et objet du travail . . . 5
Principaux accidents orographiques de la région . . 9
Principaux travaux dont elle a été l'objet . . . 16

II. FORMATIONS CORALLIGÈNES DU BAJOCIEN. . . . 24
Distribution géographique des enclaves . . . 25
Niveau des enclaves et coupes. 26
Facies normal, facies coralligène de l'étage. . . 30

III. JURASSIQUE SUPÉRIEUR. 33
Étude des coupes et détermination du niveau des enclaves . 33
Première série de coupes 36
Deuxième série de coupes 53
Troisième série de coupes 77
Conclusions 81

IV. ÉTUDE DES ÉTAGES EN PARTICULIER. 84
Rauracien 84
Astartien. 87
Ptérocérien 91
Virgulien. 104
Portlandien 110

V. VARIATIONS DE STRUCTURE DES ENCLAVES CORALLIGÈNES, ET RECHERCHES DANS LESQUELLES DEVAIT ÊTRE LA RÉGION DURANT LEUR DÉPÔT 117
Variations générales 118
Variations locales 119
Examen des conditions dans lesquelles devait se trouver alors la région. 129

VI. Formation du Jurassique supérieur dans la Savoie et le Bugey. 133
Étude des coupes (coupe du Colombier et suivantes). . 134
Conclusions 140

VII. Quelques mots sur les formations coralligènes des bords de la Serre. 142

VIII. Étude des formations coralligènes du Néocomien. . 146
Exposé des coupes 146
Conclusions 165
Facies normaux de l'étage, leur faune 166
Facies coralligènes, leur faune 167

IX. Comparaison sommaire des formations coralligènes du Jura avec celles de quelques-unes des régions les mieux connues. 171

X. Résumé général et conclusions. 175

TABLE DES COUPES

1. Coupe d'Avignon au mont Chabot. 11

2. Coupe de la vallée de Tressus. 11

3. Coupe de Chaumont à Avignon par Saint-Claude. . . 12

4. Coupe de Montépile à Ponthoux. 13

5. Coupe de Pont-de-Laime. 37

6. Coupe du Grandvaux à la vallée de la Bienne. . . 55

7. Coupe de Molinges à Viry. 67

8. Coupe générale indiquant les changements de facies. . 82

9. Coupe de la combe du Bourbouillon à Genod. . . 114

TABLE DES PLANCHES

I. Planche représentant la disposition générale des accidents orographiques du Jura méridional 15

II. Planche représentant les failles de la plaine. . . 15

III. Planche représentant les facies du Ptérocérien. . . 92

IV. Planche représentant le récif de Valfin (Planche A). . 120

V. Planche représentant des coupes du récif (Planche B). . 122

VI. Facies divers du Ptérocérien supérieur dans la Savoie et le Bugey. 139

VII. Planche représentant le retrait des récifs du Jurassique supérieur 176

— Lille. Typ. J. Lefort. 1887. —

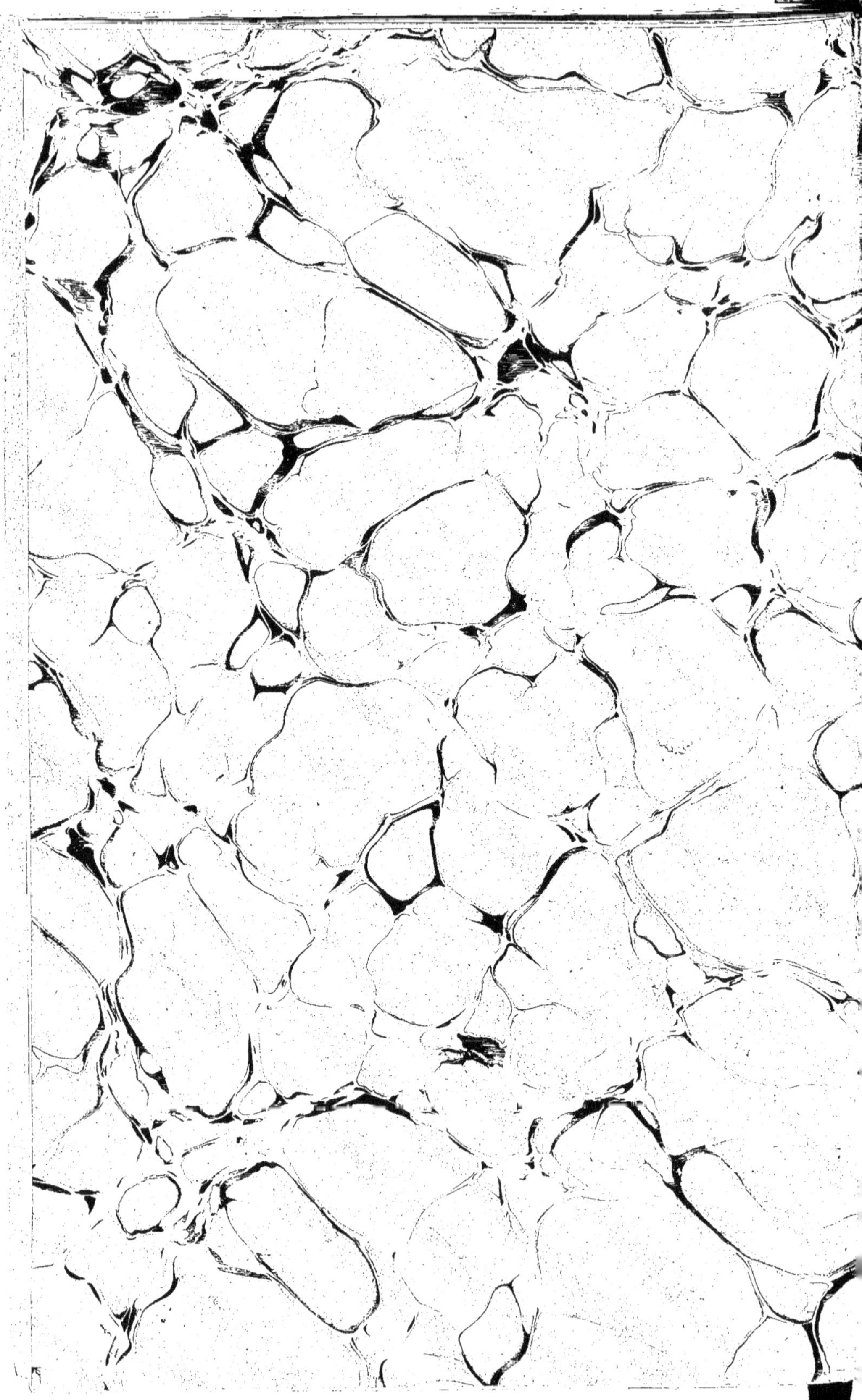

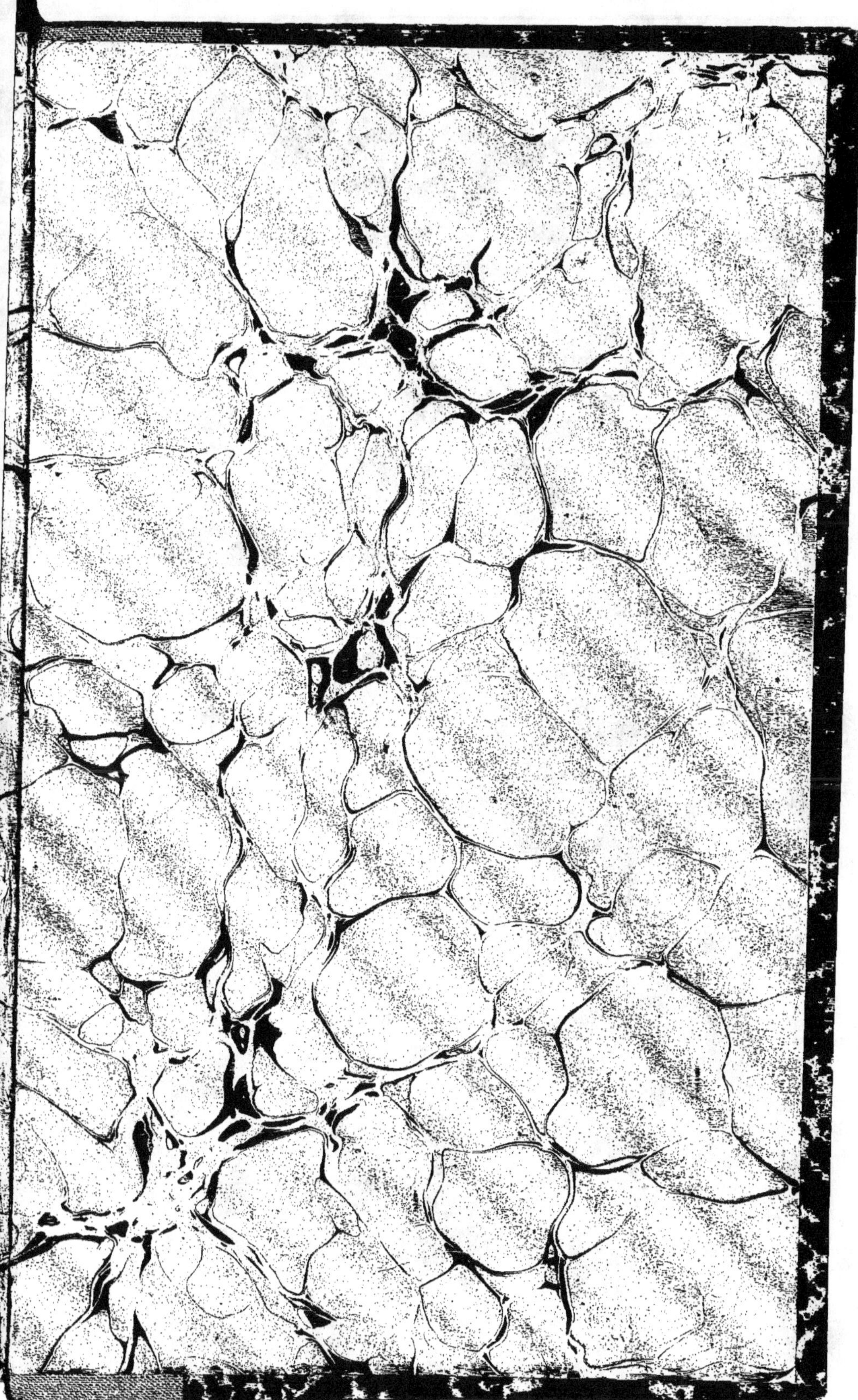

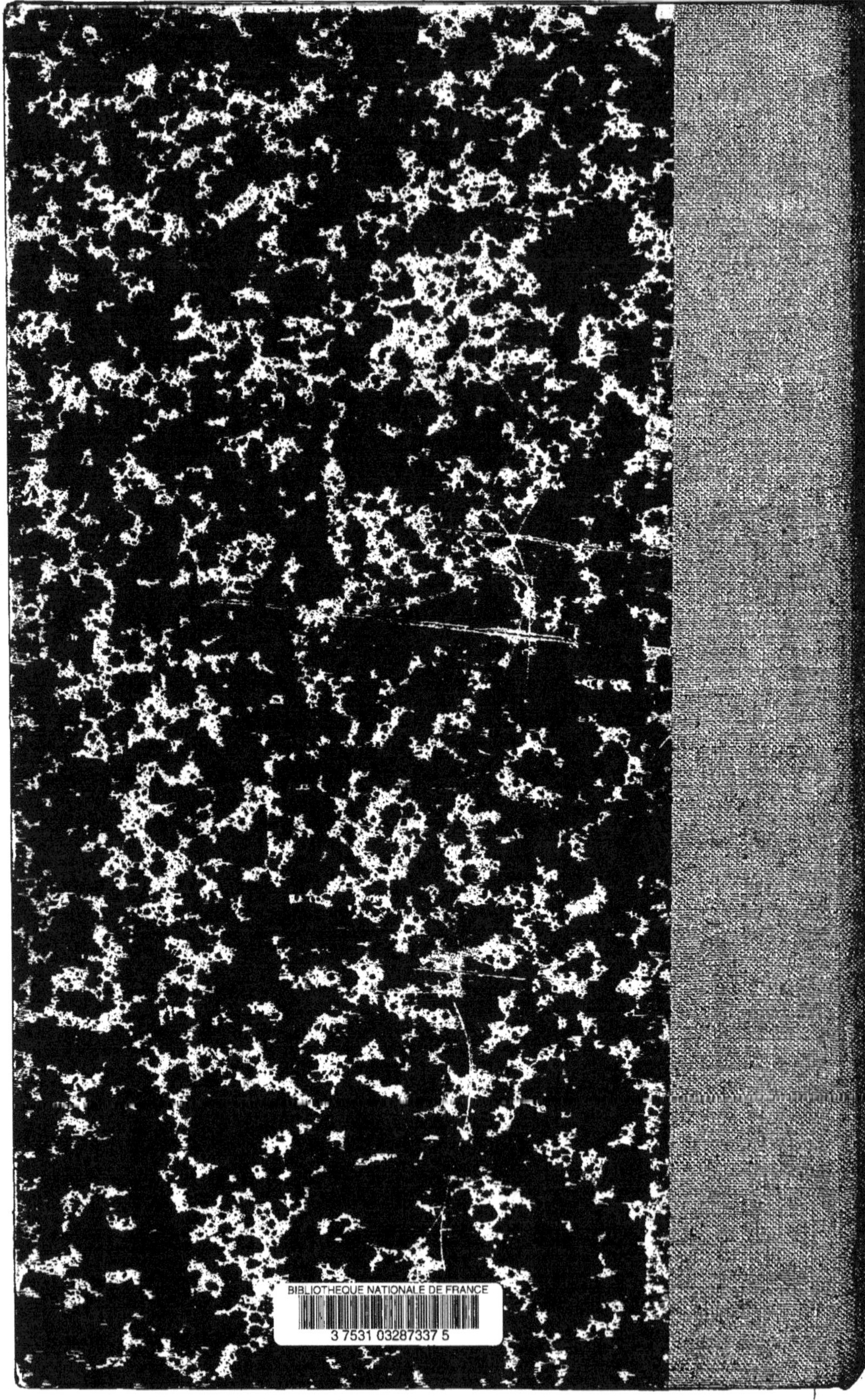
BIBLIOTHEQUE NATIONALE DE FRANCE
3 7531 03287337 5

www.ingramcontent.com/pod-product-compliance
Lightning Source LLC
Chambersburg PA
CBHW070529200326
41519CB00013B/2990

* 9 7 8 2 0 1 9 5 5 3 0 3 6 *